航天科技图书出版基金资助出版

推进剂流变学概论

唐汉祥　著

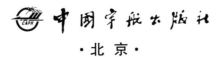

中国宇航出版社
·北京·

图书在版编目（CIP）数据

推进剂流变学概论 / 唐汉祥著 . -- 北京 ：中国宇
航出版社，2021.9

ISBN 978 - 7 - 5159 - 1976 - 8

Ⅰ.①推… Ⅱ.①唐… Ⅲ.①推进剂－流变学－概论
Ⅳ.①V51

中国版本图书馆 CIP 数据核字(2021)第 195826 号

责任编辑　王杰琼　朱琳琳　　**封面设计**　宇星文化

出　版 发　行	**中囯宇航出版社**		
社　址	北京市阜成路 8 号　**邮　编**　100830	**版　次**	2021 年 9 月第 1 版
	(010)60286808　　(010)68768548		2021 年 9 月第 1 次印刷
网　址	www.caphbook.com	**规　格**	787 × 1092
经　销	新华书店	**开　本**	1/16
发行部	(010)60286888　　(010)68371900	**印　张**	11.5
	(010)60286887　　(010)60286804(传真)	**字　数**	280 千字
零售店	读者服务部　　　　(010)68371105	**书　号**	ISBN 978 - 7 - 5159 - 1976 - 8
承　印	天津画中画印刷有限公司	**定　价**	80.00 元

本书如有印装质量问题，可与发行部联系调换

航天科技图书出版基金简介

航天科技图书出版基金是由中国航天科技集团公司于 2007 年设立的，旨在鼓励航天科技人员著书立说，不断积累和传承航天科技知识，为航天事业提供知识储备和技术支持，繁荣航天科技图书出版工作，促进航天事业又好又快地发展。基金资助项目由航天科技图书出版基金评审委员会审定，由中国宇航出版社出版。

申请出版基金资助的项目包括航天基础理论著作，航天工程技术著作，航天科技工具书，航天型号管理经验与管理思想集萃，世界航天各学科前沿技术发展译著以及有代表性的科研生产、经营管理译著，向社会公众普及航天知识、宣传航天文化的优秀读物等。出版基金每年评审 1～2 次，资助 20～30 项。

欢迎广大作者积极申请航天科技图书出版基金。可以登录中国宇航出版社网站，点击"出版基金"专栏查询详情并下载基金申请表；也可以通过电话、信函索取申报指南和基金申请表。

网址：http：//www.caphbook.com

电话：(010) 68767205，68768904

前　言

　　流变学是研究材料流动和形变的科学。复合固体推进剂的研制和生产，实际是推进剂药浆流体的配制和成型，流变学工作几乎贯穿于推进剂研制、生产的全过程，是推进剂领域的一门重要的基础学科。

　　复合固体推进剂首先是将各种组分配制成可流动的药浆，然后经流动浇注、固化成具有一定形状和致密结构的推进剂药柱。要顺利地进行浇注，药浆就要具备一定的流变特性，而药浆的流变特性又受推进剂配方组分的品种、含量、特性及相互搭配的影响，同时还与混合工艺、选择的设备和工艺参数相关，所以推进剂工作者既要知道药浆的流变特性及其变化规律，还要弄清楚推进剂组分及工艺过程对药浆流变性的影响，掌握控制和调整药浆流变性的方法和措施。推进剂工作一直以来沿袭的是一种所谓的"炒菜"模式，这是一种费力有时还不知所以然的经验工作方法。推进剂工作要高效、高质量地进行，必须借助对推进剂流变学的深刻认识和掌控。推进剂流变学涉及的内容丰富多彩，是值得推进剂工作者进行挑战和发挥想象的一个领域。

　　本书反映了作者在多年从事推进剂工艺研究工作中，有关推进剂流变学方面的一些心得和体会。全书共分 7 章：第 1 章引论、第 2 章流变测量、第 3 章聚合物流变学、第 4 章推进剂药浆流变特性、第 5 章工艺性能、第 6 章粒度级配、第 7 章推进剂流变性影响因素。本书重点介绍了推进剂药浆的组成、结构和流变特性，以及推进剂组分和各种工艺因素对推进剂流变性的影响特征和规律，提出了推进剂工艺性能的可浇性、流平性、适用期的表征参数和判定方法，以及推进剂填料的分形级配理论。

　　成稿之时，我要对信任、提携我，以及指教我研究的袁人锐、戴国祥、王连生、严忠伟等航天四十二所的前辈和同事致以谢意。定稿过程中，得到了四十二所科技委的大力支持，科技委马新刚研究员对书稿的内容、文字提出了许多宝贵的意见，航天动力技术研究院科技委前秘书长王连生研究员对书稿结构的调整进行了指导，湖南大学邓剑如教授仔细审阅了书稿。本书的出版得到了航天科技图书出版基金的资助。书中包含了实验室同事刘秀兰、吴倩、陈江等的辛勤劳动，王拯进行了计算的编程，我的夫人兼同事张嘉荣女士，在我的研究和实验工作中给予了很多有益的建议，在成稿的计算机文档的数据处理、绘图、制表等工作中得到了晓波、晓军、姚俊、金铁的竭力帮助。本书的撰写如果没有大家的努力协作、帮助，家人的全力支持与鼓励，是难以完成的。对大家的支持和帮助，在此一并表示感谢。

　　本书是在退休之余，趁暇草就，书中难免有疏漏、谬误，以期抛砖引玉，给他人有所借鉴和启发足矣，错误与不当之处恳请读者批评指正。

唐汉祥

2021 年 9 月于襄阳

缩 略 语

A

Al	铝粉
AP	高氯酸铵
ARES	高级扩展流变仪
A62	胺类防老剂

B

Brookfield	粘度计

C

CL-20	六硝基六氮杂异伍兹烷
CTPB	端羧基聚丁二烯

D

De	Deborah 数
DNP	N，N′-二-β-萘基对苯二胺
DOA	己二酸二辛酯
DOP	邻苯二甲酸二辛酯
DOS	癸二酸二异辛酯

E

$°E_T$	恩格勒（Engler）粘度计

F

Ford Cup	福特杯粘度计

G

GAP	缩水甘油叠氮聚醚

H

HMX	环四次甲基四硝胺（称奥克托今）
HTPB	端羟基聚丁二烯
HÖPPLER	霍普勒落球粘度计

I

IPDI	异佛尔酮二异氰酸酯

J

JM	聚醚

M

MAPO	三（2-甲基氮丙啶-1）氧化膦

N

NDJ-1	旋转粘度计
NEPE	硝酸酯增塑的聚醚
NG	硝化甘油
NPBA	中性聚合物键合剂
N-100	多官能团脂肪族异氰酸酯

O

OPSD	最佳粒度分布

P

PA	工艺助剂
PBAA	聚丁二烯丙烯酸
PBAN	聚丁二烯丙烯腈
PE	聚醚
PEG	聚乙二醇
PET	环氧聚醚
PS	聚硫
PVC	聚氯乙烯
P63	聚酰胺类化合物

R

RDX	环三次甲基三硝胺（黑索今）
R_T	雷德伍德（Redwood）粘度计；固化参数

S

SU_T	赛波特（Saybolt）粘度计

T

TDI	甲苯二异氰酸酯		
TEA	三乙醇胺	2246	2，2′-亚甲基-双-（4-甲基-6-特丁基苯酚）

W

W-L-F	Williams、Landel 和 Ferry 方程	264	2，6-二特丁基-4-甲基苯酚

Y

		4010NA	N-苯基-N′-异丙基对苯二胺
Y68	高级醇酸酯	4020	N-（1，3-二甲基丁基）-N′-苯基对苯二胺

Z

ZAB	一种醇胺类衍生物	688	N-苯基-N′-辛基对苯二胺

目　录

第 1 章　引　论

1.1　流变学由来

流变学的产生是这样一个过程，1928 年，巴勒斯坦的雷纳（Reiner）到美国访问时，和宾汉（Bingham）一起工作。宾汉是化学家，而雷纳是土木工程师，当时要解决一些共同遇到的问题，这就需要建立双方都能接受的一个科学分支来处理这类问题，经与语言学家商量，就起了 Rheology 这个流变学名字[1]。

1928 年在美国成立了流变学会（Rheological Society），1929 年 12 月举行了流变学会的第一次会议。1929 年出版了第一期《流变学杂志》（Journal of Rheology），1933 年停刊，1957 年以《流变学会学报》（Transactions of Society of Rheology）名字复刊，1978 年恢复最初的名字《流变学杂志》。直到第二次世界大战爆发，美国的流变学会是世界上唯一的流变学会。1945 年由冯·卡门主持举行了第一届国际流变学会议，1988 年在澳大利亚举行到了第十届。

1.2　流变学发展

流变学发展的主要推动力是工业生产的需要，第二次世界大战期间由于聚合物工业的兴起，流变学得到了迅速发展。当代的流变学除涉及传统的聚合物加工、聚合物溶液、悬浮液和多相体系外，还不断发展形成了石油流变学、医学及生物流变学、食品流变学、化学流变学、冶金流变学、地球流变学等，最近还兴起了液晶及电流变学。从近年来国内国际的流变学会议可见，悬浮液多相体系的流变学正在受到人们更多的重视，表明流变学在当代工业生产中得到越来越广泛的关注和应用，而现代工业生产的需要又促进了流变学不断深化和发展。

中国最早重视流变学的可能是地质力学家们，中国科学院武汉岩土力学研究所的郭友中、王武陵、杨植之等人于 1965 年翻译出版了雷纳的《理论流变学讲义》[2]，这是我国译成中文的第一本流变学著作。

1985 年 11 月 11 日至 15 日，中国第一届全国流变学会议在国防科技大学召开，178 位代表出席了会议，提供了涉及流变理论、流变测量、聚合物加工、石油、化工、生物医药、国防等的 125 篇研究论文。由陈文芳等主编的第一届流变学会议论文集《流变学进展》，于会后由学术期刊出版社出版。会议期间，中国科学技术协会批准成立隶属中国力学学会与中国化学学会的中国流变学专业学会，简称中国流变学会。目的是促进流变学在中国更好发展，服务于国民经济，促进与国际的联系。

1987 年至 2006 年，在成都、上海、广州、北京、武汉、济南等地先后召开了第二届到第八届全国流变学会议，以后每两年举行一次，2018 年举办了第十四届，每届均出版有会议论文集《流变学进展》。1991 年在北京召开了中日国际流变学学术会议。

1.3　流变学研究内容

流变学是研究材料流动和变形的科学。流变学是介于力学、化学和工程科学之间的一门新兴的边缘科学。流变学的研究内容主要包括三个方面[3]：一是流变状态方程，也称为本构方程，研究用怎样的应力和形变的参量方程来描述各种流动和形变行为，它需要较高的数学处理能力。二是流变测量，研究用简单易测的物理量表征物料的流变特性，设计和制造各种流变测量设备。三是研究用流变学解决工业生产活动中各种各样的实际问题，认识和理解自然界中的各种现象，以便利用和改造世界，这也是人们研究流变学的主要目的。

流变学在生产实践中的应用主要包括两个方面：

其一是对物料进行流变性的完整描述，即物料在应力、应变、温度、时间等因素作用下的响应及这些响应和各种作用因素间的函数关系。一般要研究物料的流体本性、粘度、屈服值、触变性、震凝性或流动活化能等的变化规律，然后对物料在实际工程和工艺中的流变状态进行分析，最后根据生产实际的要求，将物料的流变性和工艺流变状态进行综合比较分析，确定出合理的工艺参数，以便用更少的消耗、更短的时间、更简单的工艺过程生产出高质量的产品。

其二是根据物质的宏观物性都是其内在微观结构在外界一定条件下的反映，将测定的流变学参量与物料内部的形态结构和分子机理联系起来。这样一方面可获得对物料实际工艺性能优劣的本质性了解，以便人们有意识地改进物料配方和优化工艺。另一方面，因为物料的形态结构和分子机理又与最终产品的力学性能等使用性能有关，所以流变学参数又可和最终产品的力学性能等使用性能关联起来，即通过对初期物料进行流变性测量，来调整、控制和预示产品的性能。

1.4　推进剂流变学

推进剂流变学是指复合固体推进剂的流变学，为简洁起见，复合固体推进剂专业中，习惯称之为推进剂流变学。推进剂流变学即流变学在复合固体推进剂研制和生产这一特殊领域中的应用和发展。

1.4.1　内容

推进剂流变学涉及的内容范围较广，一方面要研究药浆流变性的特点和规律，预估和评价药浆的工艺性能。另一方面要研究配方设计，组分特性，含量，状态，互相搭配，相互间的物理、化学作用及制备药浆的混合设备和混合、浇注工艺参数对药浆流变性的影响。

流变学应用于推进剂研制、生产中，主要涉及以下内容。

（1）药浆流变性研究

确定药浆的流体本性，是牛顿体还是非牛顿体，是否有屈服值，及与温度、时间的相关性。药浆流变性研究用于精确地预测推进剂在生产过程中的流动特性，为推进剂生产工艺中的工装设计和改进，为生产出可靠、高质量的火箭发动机推进剂提供理论依据、新技术、新装备。

（2）药浆工艺性能评价

确定推进剂药浆在设计的浇注工装条件和工艺参数下，能否顺利流动浇入即可浇性；药浆浇入模具或发动机内后，能否顺利流淌、无间隙地充满所有空间即流平性及药浆满足可浇性和流平性的可持续生产时间即适用期。

（3）配方设计对流变性的影响

固体填料的总量设计，品种、含量、粒度及粒度分布、形状、级配及表面特性选择；粘合剂品种、分子量及分布、官能团类型及固化体系选择；其他组分的品种含量的选择和设计。

（4）推进剂工艺与参数优化

混合设备的类型、尺寸，混合工艺参数即时间、温度、真空度、加料次序等。通过流变性还可研究混合的安全性、均匀性及工艺、燃烧、力学贮存等性能的稳定性和重现性。

（5）产品结构完整性评价

研究流变与力学性能的相关性，可早期预测、控制推进剂的力学性能，也可用流变学方法进行推进剂力学性能的研究和调节。

（6）推进剂配套领域的流变学

与推进剂相关的包覆层和绝热层也涉及流体的配制和加工，包覆层和绝热层的配方设计和加工工艺同样和流变学密切相关。所以和推进剂一样，流变学可应用于包覆层和绝热层的配方设计、工艺参数优化、物料流变性测定、工艺性能评价及包覆层和绝热层性能的质量控制等。

1.4.2 特点描述

复合固体推进剂是高聚物复合材料。推进剂的制造和加工实际是药浆流体的配制和成型。推进剂流变学贯穿于推进剂的配方设计、研制、生产中的许多方面，是复合固体推进剂研制、生产中一门重要的基础学科。据以往实践，每个配方研制的65%～75%的工作会涉及药浆的流变工艺性能。新型配方研制探索伊始，首要的是工艺性能必须可行，才能制成各种推进剂试样，从而进行各项性能的测试研究。成熟配方要装出高质量的药柱或发动机，需要随时对药浆流变性能进行监测、控制和调整。复合固体推进剂水平的提高，许多方面与推进剂流变学的进展密切相关。推进剂研制早期，人们通过研究悬浮液流变学[4]，对推进剂氧化剂进行多粒度级配，平衡和解决了推进剂中提高固体含量设计和加工工艺之间的矛盾，使提高推进剂的能量水平得以实现[5]。通过研究推进剂药浆在发动机浇注过程中的流变学[6]，解决了制备结构完整的大型固体火箭发动机的技术问题，为复合固体推进剂用于大型火箭解决了关键性工艺技术。经过对药浆流变性的研究并结合流变学理论对推进剂顺利浇注的各种工艺参数进行理论估计，从理论和实践上解决了取消稀释剂后高粘度药浆的装药工艺问题。

推进剂的制造就是将推进剂的固体填料和各种附加组分加入液体粘合剂中，制成可流动的药浆，然后将药浆注入规定形状的模具中，在一定的温度下固化成型，制造成满足各种性能指标要求的药柱或发动机。所以复合固体推进剂的制造过程实际就是推进剂药浆在流动状态下的配制和成型过程。推进剂制造的工艺过程和推进剂性能与药浆流体的流变性密切相关，药浆流变学贯穿于推进剂制造工艺全过程。

1.4.3　相互关系和意义

复合固体推进剂是一种高固体含量颗粒填充的复合材料，一般由氧化剂颗粒和金属粉末作固体填料，为推进剂的分散相；由高分子液体聚合物作粘合剂，为推进剂的连续相。同时为满足各种战术、技术指标的要求，推进剂还要加入调节各种性能的组分。推进剂的配方设计、性能调节、装药及产品质量控制都与流变学有关，这里既涉及高聚物流变学，还涉及高浓度悬浮液的流变学及与化学反应有关的固化流变学，所以流变学是固体推进剂的一个重要的支撑学科。流变学研究可为推进剂进行合理的配方设计和工艺选择，制得满足良好工艺性能要求的药浆，以便后续顺利进行成型工艺和制得优良性能的推进剂产品提供技术基础和理论指导。

1.4.4　应用展望

目前有关流变学在推进剂中的应用，人们主要着眼于加工工艺方面的问题，一般以旋转粘度计或落球粘度计等测定的粘度为依据。随着推进剂研究的深入和发展，人们对影响药浆流变性的因素及药浆的组成结构和特性的认识正在逐步深化。药浆流变性和推进剂力学性能分别是推进剂在固化初期流动状态和固化完毕后固体状态下的宏观力学表现，固化初期的药浆流变性具有决定推进剂力学性能的形态结构和分子运动的指纹特征，也是形成最终药柱结构的雏形，两者相依相存。由于药浆的流变性具有推进剂力学性能的很多特征信息，依据物质的宏观物性是其微观形态结构和分子机理的反映，通过药浆的流变特性来研究推进剂的力学性能等其他性能正越来越被人们所认识。科学技术的发展使传统流变测试设备计算机化，一些先进动态流变测试设备的问世，为流变学在推进剂中的深入应用提供了广阔的前景。预计推进剂流变学将会得到迅速的发展，为未来大型固体火箭助推器的研制与应用奠定理论基础。

参 考 文 献

［1］ 陈文芳，袁龙蔚，许元泽. 流变学进展：第一届全国流变学会议论文集［C］. 北京：学术期刊出版社，1986.

［2］ 雷纳. 理论流变学讲义［M］. 郭友中，王武陵，杨植之，等译. 北京：科学出版社，1965.

［3］ H A 巴勒斯，J H 赫顿，K 瓦尔特斯. 流变学导引［M］. 吴大诚，古大治，等译. 北京：中国石化出版社，1992.

［4］ SWEENV K H，G ECKLERR D. The Rheology of Suspensions［J］. Journal of Applied Physics，1965：188－197.

［5］ SUTTON G P，ROSS D M. Rocket Propulsion Elements［M］. 4th ed. New York：John Wiley & Sons，Inc. ，1976：401－403.

［6］ KLAGER K，ROGERS C J，SMITH P L. Rheology of composite solid propellants during motor casting［C］//Proceedings of International Annual Meeting，the 9th ICT ，1978：14－28.

第 2 章　流变测量

2.1　概述

推进剂药浆的制备和成型需要知道药浆是什么类型的流体,是牛顿体还是非牛顿体,若是非牛顿体又属于哪一类非牛顿体,药浆的粘度是多少,以及粘弹性特征如何等,这些药浆的流变模式和流变参数,需要用各种流变仪器测量。本章将介绍最经常测量的流变参数——粘度,以及推进剂流变测量最常用和未来可能要用到的仪器和方法。

2.1.1　目的

任何流变测量的目的都是希望将工业条件下的流动行为与一些易测定的流变参数联系起来,所以流变测量在工艺的过程控制和产品的质量控制中起着十分重要的作用。推进剂流变测量的目的首先是通过测定推进剂药浆的流变参数建立药浆流变性与推进剂工艺性能的关系,即解决推进剂装药中的实际工程应用问题,其次是通过测定推进剂的相关流体,如液体组分和一些简化体系的流变参数研究推进剂配方的组分、性质、含量及工艺条件与推进剂药浆流变性的关系,用于优化推进剂的配方设计和制备工艺,也可探索流变性和推进剂结构的关系,为调节、提高和预测推进剂的工艺性能与力学性能提供科学依据。

2.1.2　原理

流变测量的原理就是选择简单的流动方式,测定在各种各样流动形变条件下流体的物料函数,如应力、应变、应变速率及粘度、模量等流变响应参数。实际上流体内的这些流变响应参数不能直接测定,只能测定各种条件下的压力、流量、线速度、扭矩、转速等,然后通过转换变成流变响应参数。所以流变测量理论要建立起这些可测量的量与流变响应参数之间的关系,这是各种流变测量仪器设计的理论依据。另外在实验技术上还要解决在很宽的粘性、弹性范围内从稀的液体到硬的固体的测定,以及在很宽的环境温度和压力范围等条件下,实现对不同状态流体体系的测定,并要使引入的测量误差减至最小。

2.1.3　分类

按流动方向分类,流体在简单流动中可从三个主要方向进行描述,即流动方向和速度梯度方向,其中流动方向在平面上又可分成互相垂直的两个方向。在剪切流动中,如堆积的药浆在流平的过程中,上述三个方向是互相垂直的。在拉伸流动中,流动方向和速度梯度方向平行，如药浆在浇注插管中的流动。按流动方向不同可分成剪切流动和拉伸流动，而拉伸流动又可分成单轴拉伸流动、双轴拉伸流动和平面拉伸流动，一般在聚合物纤维、薄膜的加工过程中主要涉及拉伸流动。

按流动的时间依赖性即流动形变历史分类，流变测量可分为稳态、瞬态和动态三种测量方式。稳态流变测量也称为定常态流变测量，即形变速率不随时间而改变的剪切流动测量。瞬态流变测量即应力或应变速率发生阶跃变化时的流变测量。动态流变测量是流体经受交变应力或交变应变作用而进行的流变测量，通常施加的是小振幅正弦振荡。动态流变测量可得流体的各种线性粘弹性数据，包含流体结构的指纹特征。

按应用范围分类，流变测量可分为精确的流变测量和应用于工程控制的常规流变测量。后者得到的可能不是准确的物料函数，但可得到反映工艺特点的流变参量，如用压杆落球粘度计测定的药浆粘度。应用于工程控制的常规流变测量又可分为离线流变测量和在线流变监控。推进剂药浆的流变测量一般取离线流变测量，但目前新设计的立式混合机的扭矩监控也可说是一种在线流变测量的监控。

根据流变测量分类，目前人们已研究、设计、制造了各种各样的流变测量仪器和装置。在推进剂领域，为了开展研究，以及工艺控制的需要，可采用各种相应的流变测量仪器，本书介绍的是在推进剂中常用的以及可能要参考和开发应用的一些流变测量仪器。

2.2 粘度

粘度是流体材料的一种物理特性，也是推进剂流变测量中最重要和最常用的一个流变参数。为了更好地测量推进剂的粘度，需要理解各种粘度的概念、特点和测量的方法。

2.2.1 粘度的基本概念

人们提到流变学，首先想到的就是粘度，实际上粘度只是流变学中的一个流变参数，是人们用来表达流体的粘滞性最常用到的一个术语，也是推进剂工艺性能中使用最广泛的一个参数。用玻璃棒搅拌杯子中的水使水旋转运动，然后停止搅拌，放置不动，水将继续旋转，但越转越慢，最终杯中的水将变为静止不动。杯中运动的水随着时间的推移而变成静止状态是由于水这种流体内部存在内摩擦力，也就是说水有粘性。但若搅拌的是杯中的油，旋转运动的油变成静止状态要比水快得多，这是因为油的粘度比水的粘度大。

在推进剂制药时，人们常说药浆粘不粘，也就是说粘度大还是小。称量粘合剂的组分胶时，有的容易倾倒称量，有的粘粘的不易精准称重，可以说前者的粘度要比后者的粘度小，而增塑剂就更易倾倒称量，这是由于它分子量小，粘度更小。

表 2-1 列出了推进剂中一些常用组分的粘度，表 2-2 是一些材料在室温常压下粘度的近似数量级。

表 2-1　推进剂一些常用组分的粘度

组分	$\overline{M}_n$	温度/℃	粘度/Pa·s	组分	温度/℃	粘度/Pa·s
PS	1 000	20	1.5	NG	10	0.069 2
PBAA	2 500~4 000	25	27.5~32.5		20	0.036 0
PBAN	3 000~4 500	25	30.0~35.0		30	0.021 0
	—	40	15.3		40	0.013 6
CTPB	3 730	40	19.2		50	0.009 4
HTPB	3 720	40	15.3		60	0.006 8
	3 410	40	12.2	壬酸异癸酯	100	0.001 38
	3 630	40	8.3	癸二酸二辛酯	20	0.019 9
	3 980	40	9.2	己二酸二辛酯	20	0.013 7
	3 160	40	8.9	邻苯二甲酸二丁酯	25	0.020 3
	3 100	40	2.7	IPDI	20	0.015
	4 490	40	7.9	辛基二茂铁	25	0.025~0.060
PE	3 392	40	1.6	TEA	25	0.613 6
	5 630	40	5.1			
PEG	3 780	40	2.7			

表 2-2　一些材料在室温常压下粘度的近似值

液体	近似粘度/Pa·s	液体	近似粘度/Pa·s
玻璃	10^{40}	甘油	10^0
熔融玻璃(500 ℃)	10^{12}	橄榄油	10^{-1}
沥青	10^8	自行车油	10^{-2}
高分子熔体	10^3	水	10^{-3}
金浆	10^2	液态氢	10^{-5}
液体蜂蜜	10^1		

2.2.2　粘度的定义

假设在两个平行板间充满流体,使下板固定不动,在上板施加一恒定的力,使上板平行于下板向前做匀速移动,经过一定时间后,两板间的流体由静止状态变成运动状态,设最上层的流体附着在上板,以和上板同样的速度 v 向前运动,最下层的流体附着在下板上不动,速度为零,中间的流体越接近上板运动速度越快,越接近下板则运动速度越慢,运动由流体的上层逐渐向流体的下层传递,形成一个均匀的速度分布,如图 2-1 所示。

流体内部各液层间速度不同是由于相邻液层的接触面上存在着一对数值相等,方向相反的力。速度较快的上部液层作用于速度较慢的相邻下部液层,力图使下部液层加速,而速度较慢的下部液层又阻滞上部相邻液层的加速,力图使之减速,这种阻滞力称为内摩擦力。因是相邻两运动液层面间的作用力,这种力称为剪切应力,用 τ 表示。设运动液层间

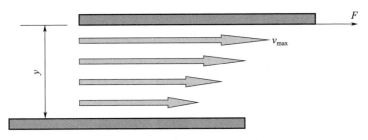

图 2-1　简单剪切流动示意图

的接触面积为 S，则剪切应力为

$$\tau = \frac{F}{S} \tag{2-1}$$

两平行流动的液层间存在速度差，将这种速度差除以两液层间的距离，若用微分表示，得速度梯度。速度梯度也称为相对速度或剪切速率，习惯用 $\dot{\gamma}$ 表示

$$\dot{\gamma} = \frac{\mathrm{d}v}{\mathrm{d}y} \tag{2-2}$$

若设两平行板间的距离为 y，紧靠上板的液层速度最大，从上板到下板液层间流动速度的下降呈线性变化，则剪切速率为

$$\dot{\gamma} = \frac{v_{\max}}{y} \tag{2-3}$$

根据牛顿内摩擦定律，运动流体内的内摩擦力和液层间的接触面积 S、相对速度 $\dfrac{\mathrm{d}v}{\mathrm{d}y}$ 成正比，即

$$\begin{aligned} F &= \eta S \frac{\mathrm{d}v}{\mathrm{d}y} \\ \frac{F}{S} &= \eta \frac{\mathrm{d}v}{\mathrm{d}y} \\ \tau &= \eta \dot{\gamma} \end{aligned} \tag{2-4}$$

式中，η 为牛顿粘度系数，也称为粘滞系数、内摩擦系数或简称粘度、动力粘度。

粘度是定量地表示流体粘性大小的一种度量，是流体反抗流动形变的能力，表示流体流动时内部耗能的度量，是流体只有在形变时才能表现出来的一种特性。

2.2.3　粘度的单位

粘度以国际单位表示：牛顿·秒/米^2（N·s/m^2）或帕斯卡·秒（Pa·s）。

粘度以 C·G·S 制表示：达因·秒/厘米^2 或泊（P）。

C·G·S 制用泊表示的粘度目前已不用，但为了方便使用以前的文献数据，下面列出它们之间的换算关系：

1 帕斯卡·秒（Pa·s）=1 000 毫帕斯卡·秒（mPa·s）；

1 帕斯卡·秒（Pa·s）=10 泊（P）；

1 泊（P）＝100 厘泊（cP）；

1 毫帕斯卡·秒（mPa·s）＝1 厘泊（cP）。

2.2.4　各种粘度的含义

由牛顿内摩擦定律可知，粘度是一个单位面积的流动液层以单位速度相对于相距单位距离的液层流动时所需的剪切应力，也就是产生单位剪切速率所需的剪切应力[1-4]。这是一种在剪切流动条件下定义的粘度，故称剪切粘度。在实际的工程和研究实践中，针对不同的流动类型、流体特征、测量方法或为了特定的应用，人们还定义了粘度的各种其他名称。

按在直角坐标系下考虑，流体有剪切流动、拉伸流动和小振幅振荡三种基本流动类型，与此相对应的则有剪切粘度、拉伸粘度和动态粘度。

（1）剪切粘度

剪切流动下测定的粘度，称为剪切粘度，又称为动力粘度，它是最基本的，也是人们最常用的一种粘度概念。

（2）拉伸粘度

在恒定的拉伸速率或恒定的拉伸应力下测定的粘度，称为拉伸粘度，包括单轴拉伸、双轴拉伸和平面拉伸三种方式对应的拉伸粘度。对牛顿流体而言，单轴拉伸粘度等于剪切粘度的 3 倍。对粘弹性流体来说这种关系十分复杂，有时拉伸粘度可达剪切粘度的数万倍。高聚物加工过程中的等温拉丝和吹塑薄膜的工艺性能分别与单轴拉伸粘度和多轴拉伸粘度有关。

（3）动态粘度

在小振幅振荡流下测定的粘度称为动态粘度。

$$\eta^*(\omega) = \frac{\tau(\omega)}{\dot{\gamma}(\omega)}$$

$$\eta^*(\omega) = \eta'(\omega) - i\eta''(\omega)$$

$$\eta'(\omega) = \frac{G''(\omega)}{\omega}$$

$$\eta''(\omega) = \frac{G'(\omega)}{\omega}$$

式中　$\eta^*(\omega)$ ——动态测定下的复数粘度；

$\eta'(\omega)$ ——动态粘度；

$\eta''(\omega)$ ——复数粘度的虚部。

动态测定的粘度可以区分出流体在不同频率下的粘性和弹性，具有流体结构的指纹特征，是亚微观或所谓介观流变学研究的主要表征量。

（4）运动粘度

流体的动力粘度与相同温度下的流体密度（ρ）之比称为运动粘度，运动粘度是在重力作用下流体流动阻力的度量，用 ν 表示，常用于流体力学。例如：粘度为 0.1 Pa·s 的流体在这个粘度状态下流体的密度为 1 g/cm³，这时流体的运动粘度为 1 斯托克斯（Stokes，简称 St），一般称为斯。1 斯等于 100 厘斯（cSt）。

（5）其他粘度

按测定的流体类型和对象分类，有如下各种粘度：

1）牛顿粘度：即牛顿流体的粘度。在一定温度下，牛顿粘度是一定值，不随剪切速率或剪切应力的不同而改变。牛顿粘度随温度升高而降低，近似符合 Arrhenius 关系。

2）非牛顿粘度/表观粘度：即非牛顿流体的粘度。非牛顿粘度具有剪切依赖性。在一定温度下粘度不是定值，随剪切速率或剪切应力变化而变化。非牛顿粘度只能用特定剪切速率或特定剪切应力下的粘度表示。这是一种有前提条件的表象粘度，故习惯称为表观粘度。

3）塑性粘度：特指具有屈服值的宾汉（Bingham）型流体的粘度，因宾汉流体也称为塑性体，故这种粘度又称为塑性粘度。塑性粘度等于测定的剪切应力与屈服应力之差除以剪切速率得到的粘度值。

4）溶剂粘度：组成溶液流体中溶剂的粘度或悬浮液流体中连续相液体的粘度。

5）相对粘度：溶液粘度或悬浮液粘度与溶剂或连续相液体粘度之比。但要注意与用其他单位表示的粘度或经相对测量得到的相对粘度在对象上的区别。

6）增比粘度/比浓粘度：溶液粘度或悬浮液粘度与溶剂或连续相粘度之差除以溶剂或连续相粘度。

7）特性粘数：当浓度趋于零时，比浓粘度的极限值称为特性粘数，有的文献也称为本征粘度或本体粘度（Intrinsic Viscosity），特性粘数概念特指高分子溶液。

8）零切粘度：剪切速率很低或剪切速率趋近于零时测定的粘度，称为零切粘度，用 η_0 表示。零切粘度也称为高聚物第一牛顿粘度。

9）极限剪切粘度/极限粘度：当剪切速率趋于很大时，处于高聚物熔体第二牛顿流动区的粘度，称为极限剪切粘度或极限粘度，有时也称为高聚物第二牛顿粘度，用 η_∞ 表示。

10）门尼粘度：门尼粘度又称为转动粘度，采用标准转子以恒定转速在密闭室的试样中转动来测得，测力装置连接以门尼为单位刻度的刻度盘，测定时，刻度盘上的读数即是门尼粘度值。这是一种相对粘度。

各种粘度间大致可表示成如图 2-2 所示的关系。常用粘度的名称、定义、符号及所用单位见表 2-3。

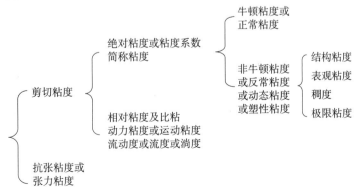

图 2-2　各种粘度的简略关系

表 2 - 3　常用粘度名称及含义

粘度名称	符号及定义式	SI 单位	C·G·S 单位
(动力)粘度	$\eta = \dfrac{\tau}{\dot{\gamma}}$	Pa·s	P
牛顿粘度	$\eta_N = \dfrac{\tau}{\dot{\gamma}}$	Pa·s	—
表观粘度	$\eta_a = \eta(\dot{\gamma}_i)$ 或 $\eta(\tau_j)$	Pa·s	—
塑性粘度	$\eta_B = \dfrac{\tau - \tau_y}{\dot{\gamma}}$	Pa·s	—
零切粘度	$\eta_0 = \eta_{\dot{\gamma} \to 0}$	Pa·s	—
极限剪切粘度	$\eta_\infty = \eta_{\dot{\gamma} \to \infty}$	Pa·s	—
溶剂粘度	η_s	Pa·s	—
相对粘度	$\eta_r = \dfrac{\eta}{\eta_s}$	—	—
增比(比浓)粘度	$\eta_{sP} = \eta_r - 1$	$m^3 \cdot kg^{-1}$	—
特性粘数	$[\eta] = \left(\dfrac{\eta_{sP}}{c}\right)_{\substack{c \to 0 \\ \dot{\gamma} \to 0}}$	—	$cm^3 \cdot g^{-1}$
复数粘度	$\eta^*(\omega) = \dfrac{\tau(\omega)}{\dot{\gamma}(\omega)} = \eta'(\omega) - i\eta''(\omega)$	Pa·s	—
动态粘度	$\eta'(\omega) = \dfrac{G''(\omega)}{\omega}$	Pa·s	—
复数粘度虚部	$\eta''(\omega) = \dfrac{G'(\omega)}{\omega}$	—	—
运动粘度	$\nu = \dfrac{\eta}{\rho}$	$m^2 \cdot s^{-1}$	$cm^2 \cdot s^{-1}(St)$
拉伸粘度	$\eta_e = \dfrac{\sigma}{\dot{\varepsilon}}$	Pa·s	—

2.2.5　使用事项

在使用粘度时还要分清以下两个概念：绝对粘度与粘度的绝对测量和相对测量的粘度与粘度的相对测量。粘度的绝对测量和粘度的相对测量是指粘度测量所用的原理、方法。绝对粘度可以绝对测量，也可以相对测量。相对测量的粘度（不是指表 2 - 3 中的相对粘度）只能做相对测量，不能做绝对测量。

绝对粘度：可用量纲 $[M \cdot L^{-1}T^{-1}]$ 或 $[L^2 \cdot T^{-1}]$ 作单位的粘度称为绝对粘度，如动力粘度和运动粘度。

粘度的绝对测量：通过直接测量粘度公式中各物理量求得粘度的粘度测量称为粘度的绝对测量。

相对测量的粘度：用其他单位表示的这种粘度称为相对测量的粘度。例如，涂料、重油常用短管粘度计测量,用恩格勒度、赛波特秒、雷德伍德秒等表示粘度,这种测量的粘度为相对测量的粘度。要注意这里的相对测量的粘度和表 2-3 中用于表示溶液或悬浮液流变特性的相对粘度含义上的区别。

粘度的相对测量:用其他单位表示粘度的粘度测量称为粘度的相对测量,如上述用短管粘度计进行的粘度测量。通过与已知粘度的标准物质在同一粘度计中的比较而测定粘度。例如,用标准粘度液标定仪器常数的压杆式落球粘度计测量推进剂药浆粘度,即是一种粘度的相对测量,但这样测量的推进剂药浆粘度所用的单位是绝对粘度,所以压杆式落球粘度计测量的药浆粘度,应叫相对测量的绝对粘度,但与绝对测量的粘度间没有严格的对应关系,只能通过经验换算公式或图表进行对应,不过即使这样做也只是近似的,故精密的粘度测量不推荐使用相对测量的粘度计。

2.3 圆筒粘度测量仪

2.3.1 旋转圆筒粘度计

旋转圆筒粘度计是推进剂中应用最广泛的一类粘度测量仪器。使圆筒在流体中旋转或圆筒静止而使其周围的流体做同心状的旋转流动,这时圆筒将受到流体粘性力矩的作用。若旋转速度等条件相同,圆筒受到的粘性力矩将随流体粘度的改变而变化,流体的粘度越大,圆筒受到的粘性力矩越大,因此测定圆筒在流体中转动时所受的力矩,就可知道流体的粘度。这是一种通过简单的剪切流动测定粘度的方法[1,2,4-6]。

旋转圆筒粘度计有同轴双筒型和单一圆筒型之分。同轴双筒型旋转粘度计由内外两个圆筒组成,内筒常称转子或转筒,在内筒的转子和外筒的间隙中装入待测流体。根据测定时旋转筒的不同,粘度计又可分为 searle 型和 couette 型两种。searle 型粘度计由内筒旋转测定粘度,而 couette 型粘度计由外筒旋转测定粘度。根据内外圆筒间间隙的大小,又分为窄缝共轴圆筒粘度计和宽缝共轴圆筒粘度计。若没有外筒,则为单一圆筒旋转粘度计。它们的基本原理相同,但根据各自的特征,在计算时要做相应的变动。

同轴旋转圆筒粘度计如图 2-3 所示。在内径为 R_1 的外筒里,同轴安装半径为 R_2 的内筒转子,在内外筒之间充满待测粘性流体。当圆筒以一定角速度旋转时,流体中可能发生的情况以及假设存在的条件如下:

1)圆筒间流体的流动为层流;

2)两个圆筒为无限长;

3)流体为牛顿流体;

4)流体在圆筒表面无滑动。

设任意半径 R($R_2 \leqslant R \leqslant R_1$)处流体的线速度为 v,角速度为 ω,则

$$v = R\omega \tag{2-5}$$

由式(2-5)得流体中的线速度梯度,即剪切速率 $\dot{\gamma}$,其计算式为

$$\dot{\gamma} = \frac{\mathrm{d}v}{\mathrm{d}R} = R\,\frac{\mathrm{d}\omega}{\mathrm{d}R} + \omega \tag{2-6}$$

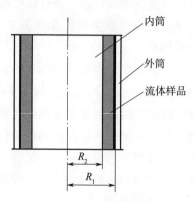

图 2-3　同轴双筒旋转圆筒粘度计

这里的线速度梯度 $\dfrac{\mathrm{d}v}{\mathrm{d}R}$ 由两部分组成，其中 ω 是不产生粘性阻力的。因为在这种情况下，内外筒及其间的流体都以同一角速度 ω 转动，流体的各层质点间没有发生位移，即流体没有发生形变，也即没有产生粘性阻力。说明在式（2-6）中 ω 是不产生粘性阻力的，产生粘性阻力的只有式（2-6）中的第一项。故剪切速率可写成如下形式

$$\dot{\gamma} = R\,\frac{\mathrm{d}\omega}{\mathrm{d}R} \tag{2-7}$$

如果外筒以 ω_1 的角速度旋转，而内筒以 ω_2 的角速度旋转，并设内筒旋转方向与外筒相同时，ω_2 为正，相反时，ω_2 为负。这时离中心 R 处的角速度 ω 可表示如下

$$\omega = \frac{\omega_1 R_1^2 - \omega_2 R_2^2}{R_1^2 - R_2^2} + \frac{R_1^2 R_2^2 (\omega_2 - \omega_1)}{R_1^2 - R_2^2} \cdot \frac{1}{R^2} \tag{2-8}$$

根据式（2-7）和式（2-8）可求得离中心 R 处的剪切速率为

$$\dot{\gamma} = R\,\frac{\mathrm{d}\omega}{\mathrm{d}R} = \frac{2R_1^2 R_2^2}{R_1^2 - R_2^2}(\omega_1 - \omega_2) \cdot \frac{1}{R^2} \tag{2-9}$$

若剪切速率 $\dot{\gamma}$ 已知，就可求得离中心 R 处的圆筒面受到的粘性力，即内摩擦力 f。

内摩擦力＝粘度×圆筒面积×剪切速率

如设圆筒浸没在流体中的高度为 h，则

$$f = 2\eta\pi R^2 h\,\frac{\mathrm{d}\omega}{\mathrm{d}R} \tag{2-10}$$

因力矩等于力与力到支点或转轴的距离的乘积，所以力矩 M 为

$$M = \eta(2\pi Rh)\dot{\gamma}R = \frac{4\pi h \eta R_1^2 R_2^2}{R_1^2 - R_2^2}(\omega_1 - \omega_2) \tag{2-11}$$

由此可知，当外筒和内筒以相同的角速度向相同的方向旋转时，即 $\omega_1 = \omega_2$ 时，$M=0$，即圆筒面所受的粘性力矩为零。而当外筒和内筒有角速度差时，圆筒将受粘性力矩的作用，力矩 M 和流体粘度 η 间的关系可用式（2-11）表示。根据这一原理，旋转圆筒粘度计就是通过测定角速度差及所受力矩 M 求得流体的粘度。这里粘度不是测量的量，

而是导出量，粘度可用式（2-12）表示

$$\eta = \frac{M(R_1^2 - R_2^2)}{4\pi h R_1^2 R_2^2 (\omega_1 - \omega_2)} \qquad (2-12)$$

通常所用的同轴圆筒旋转粘度计只设计成内筒或外筒的一方旋转。由内筒旋转的粘度计称为 searle 型粘度计，而由外筒旋转的粘度计则称为 couette 型粘度计。

若内筒固定，外筒以一定角速度 ω_1 旋转，测定的粘度为

$$\eta = \frac{M(R_1^2 - R_2^2)}{4\pi h R_1^2 R_2^2 \omega_1} \qquad (2-13)$$

若外筒固定，内筒以一定的角速度 ω_2 旋转，则测定的粘度为

$$\eta = -\frac{M(R_1^2 - R_2^2)}{4\pi h R_1^2 R_2^2 \omega_2} \qquad (2-14)$$

因为粘度计通常设计成测定内筒上的力矩，所以式（2-14）中的负号表示内筒旋转的方向与力矩的方向相反。

每一种旋转圆筒粘度计只要测量系统确定，则 R_1、R_2、h 也就被确定成常数，令

$$K = \frac{R_1^2 - R_2^2}{4\pi h R_1^2 R_2^2}$$

则上述不同条件下的粘度计算式（2-12）～式（2-14）可分别表示为

$$\eta = K \frac{M}{\omega_1 - \omega_2} \qquad (2-15)$$

$$\eta = K \frac{M}{\omega_1} \qquad (2-16)$$

$$\eta = -K \frac{M}{\omega_2} \qquad (2-17)$$

因为粘度计可测定的是圆筒旋转 N 转所需要的时间 t，所以粘度计的角速度可表示为 $\omega_1 = 2\pi N/t$。上述计算粘度公式中的参量，要求必须在层流状态下测定，当外筒或内筒的旋转速度较小时，两圆筒间的流体流动为层流，但当旋转角速度加大到超过某一界限时，流体流动就要成为紊流，所以各种粘度计都规定了转速限制和粘度测量范围。

端面效应：用粘度计进行粘度测定时，不能按假设条件将圆筒设计成无限长，只能把外筒做成圆筒形的容器并将内筒同轴安装在外筒中。在两筒的间隙中装入试样后，由圆筒的旋转所产生的粘性力矩不仅受旋转圆筒侧面积大小的影响，而且要受圆筒上下两个端面部分的影响。计算粘度的公式只考虑圆筒的侧面积，所以人们也对圆筒端面效应对测量粘度的影响进行了认真的考虑。端面效应相当于圆筒的长度 h 增加了一个假想长度为 Δh 的作用，用 $(h + \Delta h)$ 代替 h 计算粘度，假想长度 Δh 通过实验确定。在旋转速度保持不变的情况下，通过调节圆筒到不同的浸没深度测定扭矩，将扭矩对浸没长度作图，用外推法算出当浸没深度为零时的粘性阻力，即为末端效应的粘性阻力，反推就可求得假想长度 Δh。仪器的测定系统一经确定，Δh 就是一个常数。研究发现，末端效应 Δh 随内筒底面和外筒底面之间的距离的改变而改变，但当这个距离大于 1 cm 时，Δh 几乎为一定值，且内筒上部如果浸没于液体，当上部浸没液层厚度大于 0.2 cm 时，Δh 也几乎为一定值。

　　除内筒上下端面的影响之外，内筒的直径、内外筒间的间隙、试料的粘度等不同也会使底面的影响发生变化。两圆筒间的间隙越大，Δh 越大，若间隙一定，内筒的直径越大，Δh 越大。此外，通过改进仪器的设计，可以消除端面效应对测定粘度的影响。若使用的圆筒在测试流体中的浸没深度 h 与缝隙（$R_1 - R_2$）的比值超过 100，则末端效应可以忽略不计。

　　在内筒上面和下面各开一凹槽，如图 2-4 所示，可很好地消除端面效应。因为在粘度计装料时，在内筒底部可形成一气垫，在测定旋转时可使内筒末端与外筒底部的相互作用减至最小。装料时多余的流体试样从间隙中挤出，流入内筒上端的凹槽中，使内筒上端面不形成多余流层，使得测量圆筒浸没高度和设计高度很好地保持一致，转子转动时只对上端面的空气剪切，这样就避免了上端面的附加力矩，从而使上端面的附加效应消除。

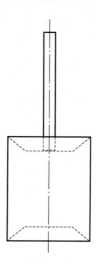

图 2-4　上下端面呈凹形的转子设计

　　将内筒末端做成锥形，测定时使锥形的尖端刚好和外筒容器的底部相接触。经计算这种设计的锥筒可使锥和底之间所盛流体受到的剪切速率与圆筒间隙中流体所受的剪切速率相同，这种设计可以很好地消除底端面效应造成的粘度测试误差。

2.3.2　窄缝共轴圆筒旋转粘度计

　　两个共轴圆筒之间的间隙足够小的粘度计称为窄缝共轴圆筒粘度计[3-4]，对于所称的窄缝，有人认为必须使内外筒半径之比值 R_2/R_1 大于 0.97。这种粘度计的圆筒旋转时，可认为缝隙中的试验流体所经受的剪切速率接近于恒定。由于非牛顿流体测定时，剪切速率对粘度的影响很大，所以窄缝共轴圆筒粘度计的这一特性对测定非牛顿流体样品，是一个很重要的优点。这时，若内筒以 ω_2 的角速度旋转，外筒静止不动，则剪切速率由下式确定

$$\dot{\gamma} = \frac{R_1 \omega_2}{R_1 - R_2} \qquad\qquad (2-18)$$

若内筒旋转时，内筒上所受的力矩为 M，则流体中所受的剪切应力 τ 和粘度 η 分别为

$$\tau = \frac{M}{2\pi R_1^2 h} \qquad (2-19)$$

$$\eta = \frac{M(R_1 - R_2)}{2\pi R_1^3 h} \qquad (2-20)$$

窄缝共轴圆筒粘度计在制造和使用上存在一定的局限性。在仪器制造中不易保证内外圆筒间的严格共轴和壁面间的垂直平行，在测定含有大颗粒的悬浮液的样品时，存在大颗粒的卡筒问题。

2.3.3　宽缝共轴圆筒旋转粘度计

为解决窄缝共轴圆筒粘度计存在的问题，人们将内外圆筒的比值设计成小于 0.97，这种粘度计称为宽缝共轴圆筒旋转粘度计[3]。这种粘度计两筒间隙中流体的剪切速率大小将依赖于试验样品的性质。因流体样品的非牛顿性，常用剪切应力/剪切速率关系的幂律模型描述，样品非牛顿性用剪切速率指数 n 表示。这里记内圆筒半径 R_2 与外圆筒内径 R_1 的比值为 $b = R_2 / R_1$，则宽缝共轴圆筒粘度计内筒壁上的剪切速率、剪切应力和粘度分别由下列计算式得到

$$\dot{\gamma} = \frac{2\omega_2}{n(1 - b^{\frac{2}{n}})} \qquad (2-21)$$

$$\tau = \frac{M}{2\pi R_2^2 h} \qquad (2-22)$$

$$\eta = \frac{Mn(1 - b^{\frac{2}{n}})}{4\pi R_2^2 h\omega_2} \qquad (2-23)$$

2.3.4　单圆筒旋转粘度计

由于设计简洁、操作简单且可在各种盛样品的容器中测定粘度，单圆筒旋转粘度计可能是工业上应用最广泛的粘度计之一。可以将外筒半径设想成趋于无穷大，这样对于符合幂律模型的非牛顿流体，$(1 - b^{2/n})$ 趋于 1，所以在旋转圆筒壁上流体的剪切速率、剪切应力和粘度分别可由下列公式计算

$$\dot{\gamma} = \frac{2\omega}{n} \qquad (2-24)$$

$$\tau = \frac{M}{2\pi R^2 h} \qquad (2-25)$$

$$\eta = \frac{Mn}{4\pi R^2 h\omega} \qquad (2-26)$$

国外的 Brookfield 粘度计，国内的 NDJ - 1 型旋转粘度计均属于典型的单圆筒旋转粘度计。

2.4　锥板粘度计

2.4.1　原理

　　锥板粘度计是以测定非牛顿流体流动曲线为目的而设计的一种旋转粘度计[1,3,6]。它由锥体和一个水平的圆形平板组成，锥体的顶点与圆形平板呈点接触，设计成如图 2-5 所示的锥和板的组合。测定时将锥体和圆形平板间的环形楔状间隙中充填满试验流体，其测定原理与旋转粘度计相同。这种设计可保证在试样流体中的任何地方的剪切速率都相同。

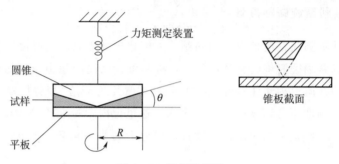

图 2-5　锥板粘度计

　　将圆锥顶角设计成足够大，则平板与圆锥面间的夹角 θ 就很小，实际粘度计的 θ 一般在 $0.2°\sim3.0°$。假设 θ 做得小到 $\theta \approx \sin\theta \approx \tan\theta$ 的程度，当平板以一定的角速度 ω 旋转时，距旋转中心轴 R_i（$0 < R_i \leqslant R$）且与平板接触的流体的线速度为

$$V = R_i\omega \tag{2-27}$$

　　设 R_i 处的试样厚度为 h，则

$$h = R_i\tan\theta \approx R_i\theta \tag{2-28}$$

　　该处的剪切速率为

$$\dot{\gamma} = \frac{R_i\omega}{h} \approx \frac{R_i\omega}{R_i\theta} \approx \frac{\omega}{\theta} \tag{2-29}$$

　　由式（2-29）可见，剪切速率 $\dot{\gamma}$ 与 R_i 无关，即在平板上任何地方的剪切速率均相同，所以测定时如果连续地变化旋转速度，就可得到测定样品中的剪切应力与剪切速率关系的流动曲线。

　　用锥板粘度计测量粘度时，使平圆板旋转，圆锥上所受的粘性力矩 M、剪切应力 τ 和样品的剪切粘度 η 分别由下列公式得到，剪切速率如式（2-29）所示。

$$M = \frac{2\pi\eta\omega R^3}{3\theta} \tag{2-30}$$

$$\tau = \frac{3M}{2\pi R^3} \tag{2-31}$$

$$\eta = \frac{3\theta M}{2\pi R^3 \omega} \tag{2-32}$$

2.4.2　应用

为了避免锥尖和底下的圆形平板接触造成误差，通常要少量截去锥尖。虽然这样做会因顶部切平对力矩有影响，但由于切平后锥顶平台的半径 R_i 很小，尽管力矩与 R_i^3 成比例，但这种影响仍可几乎忽略。这种锥尖截平的做法也便于对混有颗粒填料的悬浮液进行测定。

锥板粘度计进行旋转测定时，流体试样有使锥板沿轴向分离的倾向，即法向应力。这是流体内存在弹性结构的一种表现，用法向应力差的大小和方向进行描述。

目前还未见有用锥板粘度计测定的流变性用于推进剂药浆工艺性能研究，但可以预见锥板粘度计在推进剂各种流体体系的结构研究中将有很好的用途。

2.5　平行板粘度计

平行板式旋转粘度计[3,6]（简称平行板粘度计）由上下平行同心的两个圆板组成，上下圆板间间隔一定距离，中间充满试样流体。通常由下板以一定角速度旋转，测定上板所受的扭矩来进行粘度测定，如图 2-6 所示。

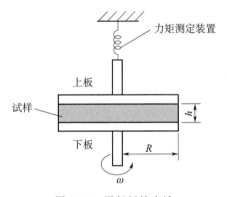

图 2-6　平行板粘度计

对于平行的剪切层流，试样中所受的剪切速率和剪切应力都将随离圆心的距离不同而改变。设 R 为圆板边缘处的半径，则圆板边缘处的剪切速率、剪切应力和粘度分别由下列公式计算

$$\dot{\gamma} = \frac{R\omega}{h} \tag{2-33}$$

$$\tau = \frac{M}{2\pi R^3}(3+n) \tag{2-34}$$

$$\eta = \frac{Mh}{2\pi R^4 \omega}(3+n) \tag{2-35}$$

式中　n ——试样流体的剪切速率指数。

若下板以一定的角速度振荡，则测定的是试样的动态粘弹性。

平行板粘度计计算式的推导过程如下：

设平行板粘度计在任意半径 r 处的剪切速率 $\dot{\gamma}(r)$、剪切应力 $\tau(r)$ 为

$$\dot{\gamma}(r) = \frac{r\omega}{h} \tag{2-36}$$

$$\tau(r) = \frac{\eta r\omega}{h} \tag{2-37}$$

则圆板边缘 R 处的剪切速率、剪切应力为

$$\dot{\gamma}(R) = \frac{R\omega}{h} \tag{2-38}$$

$$\tau(R) = \frac{\eta R\omega}{h} \tag{2-39}$$

则圆板旋转时，在流体中产生的扭矩 M 为

$$M = \int_0^R 2\pi r\tau(r)\mathrm{d}r \tag{2-40}$$

对牛顿流体而言，扭矩的圆板边缘处的剪切应力为

$$M_{\text{new}} = \frac{\pi\eta\omega R^4}{2h} \tag{2-41}$$

$$\tau_{\text{new}}(R) = \frac{2M}{\pi R^3} \tag{2-42}$$

对符合幂律定律的非牛顿流体，各计算式为

$$\tau(r) = K\left(\frac{r\omega}{h}\right)^n \tag{2-43}$$

$$M = \left(\frac{2}{3+n}\right)\pi R^3 K\left(\frac{R\omega}{h}\right)^n = \left(\frac{2}{3+n}\right)\pi R^3 \tau(R) \tag{2-44}$$

根据幂律模型的微分方程，剪切速率指数 n 为

$$n = \frac{\mathrm{dln}\tau(R)}{\mathrm{dln}\dot{\gamma}(R)} = \frac{\mathrm{dln}M}{\mathrm{dln}\dot{\gamma}(R)} \tag{2-45}$$

得

$$\tau(R) = \frac{M}{\pi R^3}\left(\frac{3+n}{2}\right) \tag{2-46}$$

2.6　毛细管粘度计

毛细管粘度计是最通用且可对流体粘度进行精确测定的粘度计[1,3,5,6]，用于测定基准粘度的标准粘度计就是动力毛细管粘度计。毛细管粘度计有重力毛细管粘度计和挤压毛细管粘度计两种，推进剂测量中可能用到的主要是挤压式毛细管粘度计。重力毛细管粘度计是靠样品的自重流过毛细管来测定粘度，根据观察、测定液面下降距离而测定粘度的叫 Ubbelohde 型粘度计，习称乌氏粘度计。根据观察液面上升距离进行粘度测定的叫 Cannon Fenshe 型粘度计，可用于测定暗色或不透明液体的粘度。重力毛细管粘度计可测

定中、低粘度牛顿体的粘度。

　　毛细管粘度计是根据法国科学家哈根-泊肃叶（Hagen-Poiseuille）在 1842 年报道的流体内摩擦定律设计而成的。在流体流过非常狭窄的间隙时，粘度越高的流体在单位时间里的流量越小，比较流量的大小就可比较粘度的大小。毛细管粘度计通过加压的方法，迫使试样流过一定长度和管径的毛细管，测定单位时间内从毛细管中流出的试样量计算流体的粘度。测定装置如图 2-7 所示。

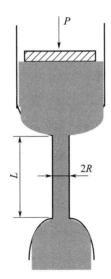

图 2-7　毛细管粘度计

哈根-泊肃叶定律假定：

1）流体为牛顿体；

2）流体不可压缩；

3）细管足够长、直线性好、内径均匀一致；

4）流体流出时在管壁处无滑动；

5）流体流动时为稳定层流。

　　设毛细管半径为 R，长度为 L，L 两端的压力差为 ΔP，V 是在 t 时间内从毛细管中流出流体的总体积，Q 为通过毛细管的体积流出率

$$Q = \frac{V}{t} = \frac{\pi R^4 \Delta P}{8\eta L} \tag{2-47}$$

则在毛细管两端压力差的驱动下，牛顿流体的粘度为

$$\eta = \frac{\pi R^4 \Delta P}{8LQ} = \frac{\pi R^4 \Delta P t}{8LV} \tag{2-48}$$

　　因流体在管中进行稳定层流的粘性流动，所以在管径各处存在速度分布。剪切速率从紧邻管壁的 $4Q/\pi R^3$ 变化至中心线为零，毛细管管壁处的切变速率最大但流速却为零。

　　设 $\bar{V}$、$\bar{\dot{\gamma}}$ 分别为沿毛细管横截面的平均流速和平均切变速率，τ_w、$\dot{\gamma}_w$ 分别为毛细管管

壁处的切变应力和切变速率，则毛细管粘度计的其他几个计算公式如下

$$\overline{V} = \frac{R^2 \Delta P}{8L\eta} \qquad (2-49)$$

$$\overline{\dot{\gamma}} = \frac{8Q}{3\pi R^3} \qquad (2-50)$$

$$\tau_w = \frac{R \Delta P}{2L} \qquad (2-51)$$

$$\dot{\gamma}_w = \frac{4Q}{\pi R^3} = \frac{R \Delta P}{2L\eta} = \frac{4\overline{V}}{R} \qquad (2-52)$$

用毛细管粘度计进行精确的粘度测定时还要对动能、细管末端进行修正以及对层流条件进行控制，制造时要确保细管子的直线性和内径的均匀性，还要对内径进行精密测定，为了防止管壁处出现滑动，还要对细管进行仔细清洗。这些都是很麻烦和不易做到的事情，所以美国在对 20 ℃下水的粘度进行绝对测定时用了大约 20 年的时间。

以上是用毛细管粘度计对牛顿流体进行粘度测定时得出的一些计算公式，在对非牛顿流体进行测定时，一些计算公式要进行适当修正。假定非牛顿流体的流动符合幂指数定律，由牛顿流体推导得到的各项公式除管壁处的剪切应力计算仍可用式（2 - 51）外，其余各式修正如下

$$\overline{V} = \left(\frac{n+1}{3n+1}\right)V_0 = \frac{Q}{\pi R^2} \qquad (2-53)$$

$$\dot{\gamma}_w = \frac{Q}{\pi R^3}\left(\frac{3n+1}{n}\right) \qquad (2-54)$$

$$\eta = \frac{\pi R^4 \Delta P}{8LQ}\left(\frac{4n}{3n+1}\right) \qquad (2-55)$$

其中

$$V_0 = \left(\frac{nR}{n+1}\right)\left(\frac{R \Delta P}{2\eta L}\right)^{\frac{1}{n}}$$

$$Q = \left(\frac{n\pi R^3}{3n+1}\right)\left(\frac{R \Delta P}{2\eta L}\right)^{\frac{1}{n}}$$

2.7　短管粘度计

短管粘度计测定的粘度值不是绝对粘度，而是用一些习惯称谓的表示相对粘度的单位表示，如秒·度等。短管粘度计是为一些特定工业部门（例如涂料行业）的需要而设计的一种简便仪器[1-2]，这种粘度计结构简单、价格便宜、操作方便、不易损坏，在工厂和生产现场得到广泛应用。

这种形式的粘度计是把待测流体放入一个容器或称量杯中，容器底部中央有一短的流出管孔，使样品流体通过这一短的细管孔流出，测定流出容器或称量杯中的全部样品所用的时间而求得粘度。

由于不同的行业规定的流出样品体积不同，以及其他辅助部件设计上的一些差异，形成了各种短管粘度计，如赛波特（Saybolt）粘度计、雷德伍德（Redwood）粘度计、恩格勒（Engler）粘度计、福特杯（Ford cup）粘度计等，它们各自规定的流出体积和粘度单位见表 2-4。

表 2-4　一些短管粘度计的参数

粘度计名称	规定的流出体积/mL	粘度单位	代号
赛波特（通用）	60	s	SU_T
雷德伍德（商用）	50	s	R_T
恩格勒	200	无量纲	$°E_T$
福特杯	100	s	—

恩格勒度记为$°E_T$，系指在温度 T 下从粘度计中流出 200 mL 试样流体所需时间（秒数）与 20 ℃下流出同样体积的蒸馏水所需时间（秒数）之比，即

$$°E_T = \frac{t_{200 \text{ mL. sample}}^{T \text{ ℃}}}{t_{200 \text{ mL. water}}^{20 \text{ ℃}}} \qquad (2-56)$$

短管粘度计的细管很短，流动不服从泊肃叶定律，流出时间与粘度之间没有理论关系，得到的只是相对粘度，但可通过近似的经验换算公式转换成运动粘度。具体的一些换算公式如下：

赛波特（通用）

$$v_T = 0.002\,8SU_T - \frac{1.8}{SU_T} \qquad (2-57)$$

雷德伍德（商用）

$$v_T = 0.002\,60R_T - \frac{1.71}{R_T} \qquad (2-58)$$

恩格勒

$$v_T = 0.073\,19°E_T - \frac{0.063\,1}{°E_T} \qquad (2-59)$$

式中　v_T——温度 T 下的运动粘度。

2.8　落球粘度计

2.8.1　原理

落球粘度计的测定原理是根据斯托克斯定律，固体球在粘性流体中运动时要受到液体粘性阻力的作用，测定球在流体中落下的速度，求得流体的粘度[1,2,4]。落球粘度计和毛细管粘度计一样，很早就被用来精确测量流体的粘度。斯托克斯定律假定球在流体中运动时需满足下列条件：

1）球的速度非常小；

2）球和流体间没有滑动；

3）流体为不可压缩性流体；

4）流体为牛顿流体；

5）流体的范围无限广；

6）球是刚性球。

这种情况下，球体运动要受到粘性的阻力。如果球是在重力作用下做自由落下运动，则球将受到三种力的作用：

重力

$$f_{重力} = mg = \frac{4}{3}\pi R^3 \rho g \qquad\qquad (2-60)$$

粘性阻力

$$f_{粘性阻力} = 6\pi\eta RV \qquad\qquad (2-61)$$

浮力

$$f_{浮力} = m_0 g = \frac{4}{3}\pi R^3 \rho_0 g \qquad\qquad (2-62)$$

式中　R ——球的半径；

　　　η ——流体的动力粘度；

　　　g ——重力加速度；

　　　m ——球的质量；

　　　m_0 ——球排开同体积流体介质的质量；

　　　ρ ——球的密度；

　　　ρ_0 ——流体介质的密度；

　　　V ——球的运动速度。

当球下落一定距离达到匀速运动时，三个力将相互平衡，如图 2-8 所示。

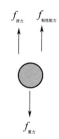

图 2-8　球在流体介质中下落时的受力情况

这时

$$f_{重力} = f_{粘性阻力} + f_{浮力}$$

由于

$$6\pi R\eta V = \frac{4}{3}\pi R^3 (\rho - \rho_0) g$$

则

$$\eta = \frac{2}{9}R^2 g \frac{\rho - \rho_0}{V} \qquad (2-63)$$

因测定的是球下落的距离 L 和所用的时间 t，则式（2-63）也可写成如下形式

$$\eta = \frac{2}{9}R^2 gt \frac{\rho - \rho_0}{L} \qquad (2-64)$$

对于确定的仪器与球，R、L 不变，式（2-64）又可写成

$$\eta = K (\rho - \rho_0) t \qquad (2-65)$$

其中

$$K = \frac{2gR^2}{9L}$$

式中　　K ——关于仪器和球的常数。

如果已知仪器所用球的常数和密度，测定球在待测流体中落下的时间及流体的密度，就可求得流体的粘度。同样，可以用已知粘度的标准液，由式（2-64）求得所用落球仪的常数。用来测定推进剂粘度的落球粘度计的常数就是用这种方法确定得到的。典型的落球粘度计有霍普勒（HÖPPLER）落球粘度计。

落球粘度计的球在流体内的运动过程中不易得到剪切速率和剪切应力等基本流变参数。使用直径和密度不同的落球时，分别有不同的剪切速率和剪切应力。通常认为，在离球足够远的地方，剪切速率为零，而在球的表面，剪切速率为最大，其间剪切速率呈连续变化。但即使球的表面，因位置不同，剪切速率也不同。有人研究认为，在无限广阔的牛顿流体中，落球表面的最大剪切速率 $\dot\gamma_{max}$ 和最大剪切应力 τ_{max} 为

$$\dot\gamma_{max} = \frac{3V}{2R} \qquad (2-66)$$

$$\tau_{max} = \frac{R(\rho_0 - \rho) g}{3} \qquad (2-67)$$

也有说

$$\dot\gamma_{max} = \frac{V}{R_筒 - R_球} \qquad (2-68)$$

用落球粘度计测定牛顿流体的粘度并借助适当的数学处理，即可以得到精确的粘度数据。但在具体的工程应用中，将按照牛顿流体设计的公式用于非牛顿流体的样品测定时，要极其谨慎。此外落球粘度计用于测定非透明流体的粘度时存在局限性。我国在复合固体推进剂研制初期（20 世纪 60 年代），为了用落球粘度计测定不透明的推进剂药浆粘度，就对落球进行了改装设计。目前我国用于推进剂药浆粘度测试的这种改装的落球粘度计严格地说应该叫压杆式落球粘度计，已非根本原理上的这种落球粘度计，只不过我国推进剂研制和生产的厂家与使用者习惯称作落球粘度计罢了。

2.8.2　压杆式落球粘度计

推进剂药浆属于高粘度和不透明流体。在我国复合固体推进剂研制的早期，为了测定推进剂药浆的粘度以便用来评估工艺性能，根据落球粘度计的原理设计了适用于相对评价推进剂药浆粘度的压杆式落球粘度计，图 2-9 所示为压杆式落球粘度计的示意图。

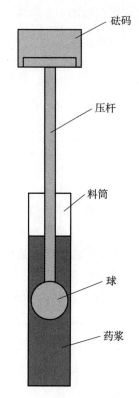

砝码

压杆

料筒

球

药浆

图 2-9　压杆式落球粘度计

将落球与压杆相连，在压杆上部加载一定质量的砝码，假定球在砝码、球杆及球三者重力的驱动下在药浆中做匀速下落运动，由压杆表面的刻度指示记录球下落距离和所用的时间就可计算出药浆的粘度

$$\eta = K \frac{t}{H} \tag{2-69}$$

式中　K ——粘度计常数；

　　　H ——球下落的距离；

　　　t ——球下落 H 的距离所用时间。

粘度计的常数 K，通过已知粘度为 η_0 的标准液，经标定而求得

$$K = \frac{\eta_0 H}{t} \tag{2-70}$$

粘度计的常数 K 与所加砝码的质量、所用球的质量和球杆质量有关。若所加砝码的质量改变或球的大小改变或球和球杆的质量发生改变，则粘度计的常数 K 需重新进行

标定。

　　压杆式落球粘度计除改装设计会引起原理上的测定误差外，在推进剂药浆的粘度测定中出现以下几种情况，也会引起一些误差。若推进剂药浆为很稀的流体，在球落下时，推进剂药浆可以很快地充填满落球后部的空间，并溢满压杆周围，这时在浸没的压杆表面会引起附加的下落阻力。若推进剂药浆的粘度很大，在球下落时药浆会从球与筒的间隙呈筒状往上挤出，不能或不能很快地填满球后筒的空间，测定的结果相当于只有半个球体下落引起阻力的粘度，这是与设计的原理有差异的。另外，在测定推进剂药浆适用期时，测定时间越长，球越在筒的下部运动，这时误差将越大。粘度计的测定球在接近筒的底部进行测定时还存在有底部效应的影响。

　　压杆落球粘度计测定的是相对粘度。尽管与落球粘度计存在原理上的偏差且在测定推进剂药浆粘度时存在一些不可克服的误差，但它仍可很好地用于推进剂配方研究和发动机装药中，进行药浆工艺性能粘度大小的相对比较。由于其操作简便易行，至今在推进剂的研制和生产中仍有很好的实用价值。

2.9　动态流变仪

　　通过小幅振荡的方法测定样品流变性的仪器称为动态流变仪[6]。测定时使样品受到强迫交变形变，由于样品中的粘性流动会引起能量耗散，从而在应力和应变之间产生相位差。通过迫使样品形变的应力和应变的振幅以及它们之间的相位角就可求得动态测定的复数粘度和样品的其他流变的物料参数。

　　动态流变仪有平行板式和锥板式等，一般使下板绕轴进行强迫振荡形变。形变时受到的阻力经试样流体传导到上部的板或锥上。测定板与板间或锥与板间运动的振幅之比和滞后角，即可获得流体的各种粘弹性流变参数。

　　强迫振荡一般施加的是小振幅正弦形变。由于适用流体一般为粘弹性体，在正弦形变下，流体中将产生如图 2 - 10 所示的粘弹性响应。

　　在图 2 - 10 中，流体施加的正弦切应变如图 2 - 10（a）时，流体中弹性元的应力响应［见图 2 - 10（c）］和应变［见图 2 - 10（a）］同相位；粘性元的应力响应［见图 2 - 10（d）］和应变速率［见图 2 - 10（b）］同相位，粘弹性流体的应力响应［见图 2 - 10（e）］与应变［见图 2 - 10（a）］差 δ 相位角。

　　动态测定中的关系如下

$$\gamma = \gamma_0 \sin\omega t \tag{2-71}$$

$$\dot{\gamma} = \omega\gamma_0 \cos\omega t \tag{2-72}$$

$$\tau = \tau_0 \sin(\omega t + \delta) \tag{2-73}$$

式中　γ_0——按正弦方式变化的剪切应变振幅；

　　　$\dot{\gamma}$——按正弦方式变化的剪切应变速率；

　　　τ_0——按正弦方式变化的剪切应力；

ω ——角频率；

δ ——应力和应变之间的相位角；

t ——时间。

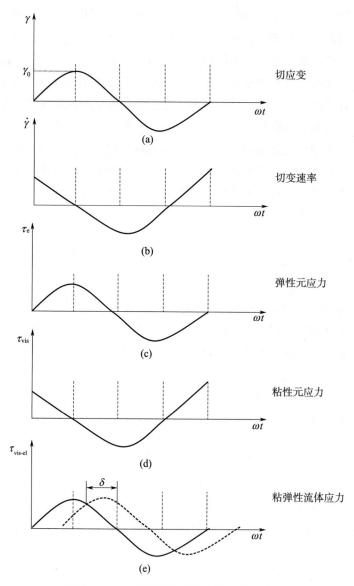

图 2 - 10　小振幅振荡实验中的粘弹性响应

用复数形式可表示为

$$G^* = G' + \mathrm{i}G'' \tag{2-74}$$

$$G' = \left(\frac{\tau_0}{\gamma_0}\right)\cos\delta \tag{2-75}$$

$$G'' = \left(\frac{\tau_0}{\gamma_0}\right)\sin\delta \tag{2-76}$$

$$\tan\delta = \frac{G''}{G'} \tag{2-77}$$

式中　G^*——复数模量；

G'——实数模量或贮存模量，表示流体中弹性的大小；

G''——虚数模量或损耗模量，表示流动形变中由粘性产生的能量耗散的多少；

$\tan\delta$——损耗角的正切值。

与上述类似，也可定义复数粘度如下

$$\eta^* = \sqrt{\eta'^2 + \eta''^2} = \frac{\tau_0}{\dot\gamma_0} \tag{2-78}$$

或

$$\eta^* = \eta' + i\eta'' \tag{2-79}$$

$$\eta' = \frac{G''}{\omega} \tag{2-80}$$

$$\eta'' = \frac{G'}{\omega} \tag{2-81}$$

$$\tan\delta = \frac{\eta'}{\eta''} \tag{2-82}$$

式中　η^*——复数粘度；

η'——复数粘度的实数部分，常简称为动态粘度；

η''——复数粘度的虚数部分。

动态流变测定可显示流体的结构特征，这对研究推进剂药浆这种复杂流体的特征有重要意义。

2.10　其他粘度计

涉及流体性质评价的各工业部门和行业为了各自的需要，还研究、制造和使用了各种其他类型的粘度计。例如，振动粘度计、超声粘度计、带形粘度计、平板塑度计，还有由上述一些粘度计演变来的多孔粘度计、桨式粘度计、转盘粘度计等。由于推进剂体系的复杂性和加工工艺的特殊性，如药浆的浇注方法就有真空喷淋、（加压）插管、抽注等，装药的发动机有各种奇异的形状，使推进剂在加工工艺中面临各种各样药浆流动形变的问题。所以在应用各种经典的流变测量仪器外，还应了解一些特种流变测量方法，这对解决推进剂研制、生产中遇到的一些问题有时会收到意想不到的效果，也可为开发适用于推进剂流变测定的一些专用方法提供有益的启示。

2.11　小结

推进剂的研制、生产是药浆流体的设计和配制过程，该过程离不开药浆的流变测量。

为了测定药浆不同的流变特性，方便地选择相应的流变测量方法和测量仪器，本章介绍了流变测量的目的、原理和分类。目的是通过测定推进剂药浆的流变参数，建立药浆流变性与推进剂工艺性能的关系，研究推进剂配方的组分、性质、含量及工艺条件与推进剂药浆流变性的关系，解决推进剂装药中的实际工程问题。原理是将一些简单可测的物料参数通过转换变成流变响应参数，建立起这些可测量的量与流变响应参数之间的关系。流变仪器可分为两类，一种是进行精确测量的流变仪，另一种是应用于工程控制的常规流变测量仪。

推进剂研制和生产中使用粘度计测定流体的流变特性主要有两大目的：一是控制推进剂生产中的装药工艺性能，二是研究影响推进剂工艺性能的原因、规律，进行配方设计和工艺参数的调整。根据不同的目的可选择相应的粘度计。若要全面评价推进剂药浆的流变性能，可选用粘度测试范围宽，能记录剪切应力、剪切速率及严格控制样品温度的同轴旋转圆筒粘度计。若要评价推进剂药浆的流平性，则要选择能测屈服值，能评价低剪切应力或低剪切速率下流变特性的粘度计。像压杆式落球粘度计，虽不能测定药浆的绝对粘度值，也不能绘制真正的流动曲线和粘度曲线，但具有简便、耐用、容易操作的特点，可用于推进剂配方调节和工艺性能的相对比较。

要通过研究流体的结构特征，以便在理论指导下有意识地调节、控制和改善装药的工艺性能，改进配方设计、合成符合性能指标的推进剂组分，使推进剂研究工作由所谓的"炒菜"模式为主的状态逐步过渡到由一定理论指导的半经验、半理论直至以理论为主的工作状态，则要选用具有宽温度、宽频率、宽应变等宽测量范围，由自动化程序设计和先进的数据分析软件支持，能精确测量的动态流变仪。

选择粘度计用于推进剂的研制和生产，主要应考虑以下几方面因素：

1）测定目的；

2）测定的样品特征；

3）测定要求的环境条件；

4）测定要求的精度；

5）可用经费。

一般来说，用于生产工艺控制的选择一些满足可测相应性能的单模块粘度计即可。而要进行推进剂药浆工艺性能的评价、配方设计改进工作的，则需要一些功能齐全的粘度计。

书中还适当介绍了一些其他粘度计，这是为了在对推进剂流变性进行新的更深入的研究时，为选择和使用新的流变测量工具和流变测量方法提供参考。

参 考 文 献

［1］ 川田裕郎.粘度［M］.陈惠钊,译.北京:计量出版社,1981:33-138.

［2］ 中国计量科学研究院化学室.粘度计量基本知识［M］.陈惠钊补充修订.北京:中国计量科学研究院,1978:25-34.

［3］ H A 巴勒斯,J H 赫顿,K 瓦尔特斯.流变学导引［M］.吴大诚,古大治,等译.北京:中国石化出版社,1992:35-43.

［4］ 武宝奇.物性分析仪器［M］.北京:机械工业出版社,1985:91-138.

［5］ GEBHARD SCHRAMM.实用流变测量学［M］.朱怀江,译.北京:石油工业出版社,2009:1-48.

［6］ L E 尼尔生.聚合物流变学［M］.范庆荣,宋家琪,译.北京:科学出版社,1983:8-19.

第 3 章　聚合物流变学

3.1　概述

复合固体推进剂用高分子聚合物作为粘合剂，和氧化剂颗粒、金属燃料粉末等固体组分，经混合制成可流动的药浆。利用药浆的流动性，将推进剂浇入各种形状的固体火箭发动机壳体或模具，聚合物粘合剂与固化剂发生化学反应形成交联网络结构，使推进剂药浆流体变成具有所需力学性能的推进剂药柱，满足火箭在贮存、运输和发射的受力状态下保证推进剂药柱完整性的需要。聚合物为推进剂提供了必需的可加工性和机械力学性能，是复合固体推进剂的重要组分之一。

推进剂的工艺性能主体上直接由聚合物粘合剂的流变性决定。推进剂的力学性能与聚合物粘合剂的品种、分子量、分子量分布及支化度等有关，聚合物的不同品种、分子量、分子量分布及支化度等也将决定聚合物具有不同的流变性，所以聚合物粘合剂的流变性与推进剂的工艺性能和力学性能密切相关，聚合物流变学是推进剂涉及的一个支撑性基础学科。

聚合物流变学与推进剂有关的内容主要包括：聚合物本体的流变特征，聚合物品种、分子量、分子量分布、支化度对聚合物流变性的影响，外界条件如增塑剂、压力、温度等对聚合物流变性的影响。在推进剂中，实际上聚合物流变性还需要涉及与推进剂其他组分和条件的关系，这将在相应的流变学领域来论述，如与固体颗粒填料的关系由悬浮液流变学论述，与组分固化剂的作用由化学流变学论述，与推进剂其他组分如偶联剂、防老剂、工艺助剂和与推进剂加工工艺参数的关系由推进剂药浆流变学论述。本章主要简单介绍在推进剂流变性中可能要涉及的与聚合物本体和一般外界条件有关的聚合物流变学的内容，这方面的内容已有很多专著论述[1-11]，本章是结合推进剂参阅了它们的有关内容写作而成。

3.2　聚合物的一般流变行为及影响因素

聚合物的流变行为是指聚合物在粘流态时的一种力学行为，在外力作用下，聚合物的分子链发生质心相对位移，产生永久的不可逆形变。所谓粘流态是聚合物在流动温度（T_f）和分解温度（T_d）之间的温度范围内呈现的一种力学状态，聚合物处于粘流态时一般称为聚合物熔体。在室温下，推进剂用的聚合物粘合剂大多数呈粘流态，粘流态对聚合物的加工具有很重要的实际意义。

聚合物在粘流态时的流变行为首先与剪切速率相关，若用双对数坐标表示聚合物的流变特性，其粘度的普适曲线如图 3-1 所示。

在温度一定的条件下，聚合物粘度（η）与剪切速率（$\dot{\gamma}$）的关系可划分为三个不同的区域。在很低的剪切速率下，聚合物有很高的牛顿粘度，这一牛顿粘度的剪切速率范围称为第一牛顿流动区，粘度则称为第一牛顿粘度。因为这是在极低剪切速率下的粘度，所以第一牛顿粘度有时也称为零切粘度，用 η_0 表示。

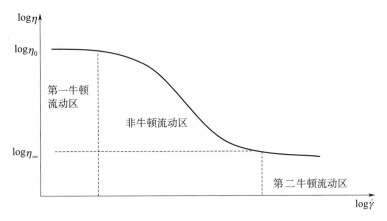

图 3-1　聚合物的一般流变特征

第一牛顿流动区以后的一个中等大小的剪切速率范围为非牛顿流动区，也称为假塑性区。聚合物在假塑性区流动的剪切应力（τ）和剪切速率（$\dot{\gamma}$）之间符合幂律关系

$$\tau = k\,\dot{\gamma}^n \tag{3-1}$$

式中，k、n 为常数。

聚合物在假塑性区的粘度不是常数，粘度随剪切速率或剪切应力增大而降低。这时只能说在某一剪切速率或剪切应力下的粘度是多少，这是一种有前提条件的粘度，即表象粘度，习称表观粘度，用 η_a 表示。在假塑性区后的更高剪切速率下，聚合物粘度为常数，不随剪切速率变化而变化。这一高剪切速率区域称为第二牛顿流动区，第二牛顿流动区的粘度称为第二牛顿粘度，但人们更常将其称为极限牛顿粘度或极限粘度，用 η_∞ 表示。聚合物的粘度曲线反映了随剪切速率由小到大，聚合物的流动行为由牛顿体变为非牛顿体（假塑性体）又再变为牛顿体的变化，粘度值则发生由大到小的变化，且聚合物的极限牛顿粘度小于聚合物的零切粘度。以上是用粘度描述聚合物宏观流动形变的特征。

聚合物的这种宏观流动特征本质上是在外力作用下聚合物分子运动的表现，反映了聚合物的组成结构，如分子量及分子量分布等结构特点和分子的形态特征。结构是聚合物流变性的物质基础，不同聚合物的结构不同，它们的流变性也不同。那么决定上述流变行为的是聚合物的哪些分子结构和形态特征呢？归纳起来有以下几条：

1）聚合物分子链尺寸的严重"不对称性"，其长径比特别大，具有很大的柔顺性。

2）粘流态聚合物中的大分子形态呈无规则线团状，分子链间可发生相互交盖、穿越以至缠结现象。

3）聚合物分子间的作用力大，作用力主要由聚合物分子基团间的氢键、静电力、诱导力、色散力等次价力组成。这些作用力比化学键的主价力要弱得多，但由于聚合物的分子很大，所以综合累积起来的作用力也就很大。这些分子间的作用力在粘流态聚合物中可形成许多临时的、局部的、弱的作用点，可称其为范德华交联点。

粘流态聚合物在受到外力剪切时会发生流动形变。当剪切速率很低时，流动形变的时间尺度很长。一方面，长的分子链要沿剪切速度的方向取向，发生分子链的质心位移而流动；另一方面，取向的分子链段因布朗运动有足够的时间恢复到原来的自由状态构象。因此，低剪切速率下的聚合物流动形变所需的剪切应力只与剪切速率成正比，表现为粘度与剪切速率无关，为一定值，即第一牛顿粘度。因这一阶段的剪切致使聚合物发生形变，要克服分子间的所有阻力，即要克服的分子间内摩擦力最大，所以第一牛顿粘度的值最高。

随剪切速率增大，粘流态聚合物的流动形变进入假塑性区。在假塑性区的剪切速率下，大分子链受剪切，发生取向的程度变大，分子链经布朗运动恢复到原来构象的程度变小。此外，流动的单元不仅有单个大分子链间的质心位移，还有无规则线团状的超分子群集体的位移和伴随着线团的逐步解体即解缠。剪切也使分子间的范德华交联点被破坏，但这种破坏的结构在新的条件下还可重新形成新的交联，然后达到一个新的平衡。随剪切速率的不断增大，体系中新的范德华交联点的平衡将越来越向被破坏的多的方向和重新形成的少的方向发展。上述的结构变化特征使假塑性区的聚合物粘度强烈地依赖于外界条件，随着剪切速率或剪切应力增大，粘度变小，因此假塑性区的粘度不是定值，只有表象的意义，称为表观粘度。从分子运动机理上看，这和粘流态聚合物内结构的变化特征相对应，所以表观粘度是一种结构粘度。

在假塑性区后很高的剪切速率下分子取向很快，由布朗运动致使大分子链构象的恢复可以忽略，分子链的线团解缠。在外界力场下，伸直的大分子链间的范德华交联点趋于平衡，这时不再有瞬时形态结构的恢复，产生附加剪切阻力。聚合物分子链间的质心位移产生的分子间内摩擦力，随剪切速率呈线性变化。剪切应力与剪切速率的比率既恒定也变得最小。

聚合物的极限粘度一般在实验室内很难实际测定，因为当测定的剪切速率尚未达到这么高时，粘流态的聚合物将早已出现不稳定的流动。

在工程中，最有实用意义的是聚合物在假塑性区的流动。因为一般聚合物，经流动加工的剪切速率范围，可能都落在该聚合物的假塑性区。由此可知，聚合物在假塑性区的流动最为"多彩"，这为人们利用聚合物的假塑性流动特征，优化加工速度、降低能耗、提高产品质量提供了丰富的想象空间。

3.2.1　分子量的影响

分子量是决定聚合物流变性的最重要的结构因素，分子量对聚合物的流变性影响极大。从分子运动角度分析，流动是分子质量中心的移动，流动过程要克服分子间相互作用产生的内摩擦力。聚合物分子量大，分子的质心位移要克服的内摩擦力就大，流动不易，粘度增高。

一般认为，聚合物粘流态的零切粘度 η_0 与重均分子量 $\overline{M}_w$ 之间存在如下经验关系：

当 $\overline{M}_w < M_c$ 时，$\eta_0 \propto \overline{M}_w$，即 η_0 与分子量的一次方成比例。M_c 视为聚合物分子链发生缠结的最小分子量的值。这种关系稍会受到聚合物的化学结构和温度的影响。

当 $\overline{M}_w > M_c$ 时，$\eta_0 \propto \overline{M}_w{}^{3.4}$，即 η_0 与分子量的 3.4 次方成比例。这种关系与聚合物的化学结构、分子量分布及温度无关。

图 3-2 所示为聚合物零切粘度与分子量的关系。

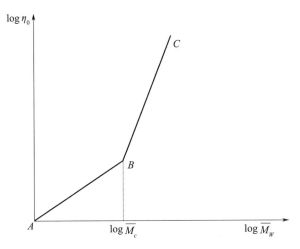

图 3-2　聚合物零切粘度与分子量的关系

在较低的分子量范围内，随分子量增加粘度缓慢增加，如线段 AB，线的斜率较小，η_0 与 $\overline{M}_w$ 成一次方的比例关系。零切粘度在 B 点后发生转折，BC 线段开始陡升。这主要是由于分子量变大所致，当分子量达到一定大时，分子链间开始发生缠结。分子链缠结后，分子间相互滑动困难，流动阻力急剧增大，粘度随分子量变大而大幅度增大，斜率加大，使 η_0 与 $\overline{M}_w$ 成 3.4 次方的比例关系。B 点对应的分子量即开始发生缠结的临界缠结分子量 $\overline{M}_c$。

实际上零切粘度与分子量的关系，从一次方的比例关系到 3.4 次方的比例关系是逐渐过渡的过程。分子链的缠结与分子链的解缠是一个动态的平衡过程，只能说在临界缠结分子量 $\overline{M}_c$ 处，缠结链和非缠结链对粘度的贡献相等。临界缠结分子量 $\overline{M}_c$ 受分子结构的影响很大，具体品种聚合物的临界缠结分子量 $\overline{M}_c$ 需要通过实验进行测定。

推进剂中粘合剂的选择原则是在保证能满足力学性能的前提下，希望药浆有更好的流变性能，粘度要低。粘合剂选定后，重点要考虑的是粘合剂的分子量大小及其对应的粘度水平。图 3-3 所示为不同分子量端羟基聚丁二烯（HTPB）的粘度曲线。从曲线明显可见，随分子量增大，HTPB 的粘度也增大。

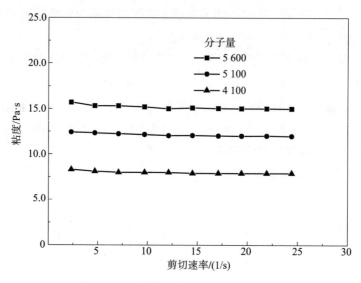

图 3 - 3　不同分子量 HTPB 的粘度曲线

3.2.2　分子量分布的影响

分子量分布是影响聚合物流变性的一个重要因素。图 3 - 4 所示为分子量分布对粘度的影响，由图可见，聚合物分子量的分布，主要影响低剪切速率下的粘度和开始出现假塑性流动的剪切速率大小。

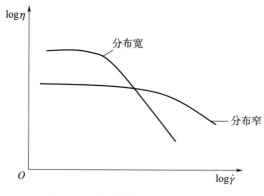

图 3 - 4　分子量分布对粘度的影响

通过比较平均分子量相同但分子量分布不同的两个同品种聚合物的流变特性，得出结论：聚合物分子量分布宽，低剪切速率下的粘度高，在较低的剪切速率下就开始出现假塑性流动且假塑性流动对剪切速率更敏感，而在较高的剪切速率下粘度反而较低。这是因为在分子量分布宽的聚合物中有部分分子的链特别长，又有一些分子的链比较短，在较低的剪切速率下，长分子链的流动阻力大，所以粘度高，以后剪切速率稍有增大，长的分子链开始逐渐伸展并取向，流动阻力也逐渐变小，聚合物粘度随剪切速率增大开始变小，出现假塑性流动。又由于长分子链伸展引起的取向变化幅度也大，使假塑性区的聚合物粘度随剪切速率增大而减小明显。在较高的剪切速率下，分子链比较短的部分不但本身的流动性好，对高分子量的部分还可起增塑作用，所以粘度反而较低。在平均分子量相当时，分子量分布较窄的聚合物分子较小也较均匀，所以低剪切速率下的粘度相对小且变化平缓，只有在较高剪切速率下，伸展取向的分子链才不易迅速恢复而开始呈假塑性流动。

3.2.3　支化度的影响

图 3-5 所示为聚合物分子链支化度对粘度的影响。

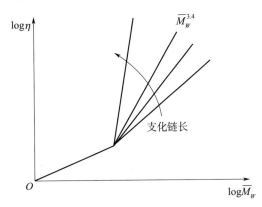

图 3-5　聚合物分子链支化度对粘度的影响

当分子量相同时，分子是直链型还是支链型对聚合物的剪切粘度影响极大。聚合物的支链可长可短，也可沿主链无规则排列。支链短时，若数量又多，流动时的空间位阻就小，粘度比直链分子的要小，随支链的长度逐渐增长，其粘度开始增大，当支链长到一定值以致支链本身可产生缠结时，粘度将急剧增大，可比直链分子的大若干倍。

3.2.4　分子组成结构的影响

聚合物分子组成结构是指组成聚合物分子的主链结构和所含的基团，分子的组成结构对聚合物流变性有很大影响。分子组成结构对聚合物流变性的影响主要基于如下描述的流变过程：聚合物大分子经过链段运动，逐步使整个分子链质心发生位移，而流动。形象化地说，就像蚯蚓经逐节蠕动而致整个蚯蚓移动。链段运动的难易与运动链段的长短、分子链的刚柔性、分子间的作用力大小密切相关。分子量相当的聚合物，柔性链的聚合物粘度比刚性链的要小，分子内相互作用强的比相互作用弱的粘度要大。

分子链的刚柔性主要影响主链上键的内旋转位垒的大小。—C—C—单键旋转的位垒小，组成的分子链就有较大的柔顺性；—C＝C—双键本身不能旋转但可使邻近双键的单键更易旋转；含有 O、N、Si 等原子的杂链聚合物，由于 C—O、C—N、Si—O 键极易旋转，所以它们组成的聚合物的分子链都是柔顺性链。但聚合物分子链中含有 O、N、F 原子时，由于这些原子的电负性很大，原子半径较小，与氢原子可形成氢键，所以会阻碍分子链的运动。大分子主链中的共轭双键—C＝C—C＝C—不能旋转。主链中引入体积大的苯环或其他芳香环将使主链变得僵硬，缺少柔顺性。取代基的极性、数量、体积及其在主链上分布的对称与否也会引起大分子内相互作用的不同从而影响链的柔顺性。柔性大分子的运动链段短，运动容易，组成聚合物的粘度小。反之，刚性大分子的运动链段长，运动阻力大，组成聚合物的粘度就大。此外，聚合物的组成结构与流变性的关系受温度的影响很大。

推进剂用一些聚合物粘合剂的组成结构如下所示，图 3 - 6 和表 3 - 1 是它们的流变特性。

HTPB：$HO[—CH_2 — CH\!=\!CH — CH_2—]_m [CH_2—CH]_n OH$
$\qquad\qquad\qquad\qquad\qquad\qquad\qquad\quad | \atop CH\!=\!CH_2$

CTPB：$HOO[—CH_2—]_5 [—C_4H_6—]_n [—CH_2—]_5 COOH$

PBAN：$HO[—C_4H_4—]_m [—CH—CH_2—]_n OH$
$\qquad\qquad\qquad\qquad\qquad\quad | \atop CN$

PEG：$—[CH_2—CH_2—O]_n—$

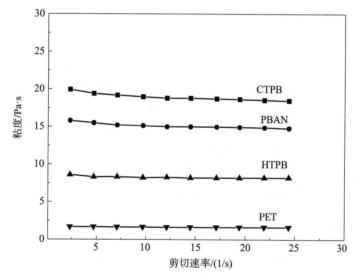

图 3 - 6　推进剂粘合剂的粘度曲线

表 3 - 1　推进剂粘合剂的粘度及与温度的关系

名称	$\overline{M}_n$	η /Pa · (40 ℃)	E /(kJ/mol)
HTPB	3 160	8.92	34.7
	3 630	8.27	33.5
	3 980	9.23	35.1
	3 720	15.29	36.0
CTPB	3 730	19.15	38.1
PBAN	—	15.31	43.1

续表

名称	$\overline{M}_n$	η /Pa·(40 ℃)	E /(kJ/mol)
PET	5 630	5.11	32.6
	3 392	1.64	31.0
PEG	3 780	2.68	32.2

3.3　其他因素对聚合物流变性的影响

3.3.1　压力

在聚合物加工的注射、挤压过程中需要选择工艺的压力条件。推进剂的制造工艺过程中也有压力的变化，如真空浇注、负压抽铸、加压插管浇注和真空混合。弄清压力对聚合物流变性的影响，对选择、控制和评价推进剂的各工艺过程有很好的实际意义。

关于压力对聚合物流变性影响的数据，在相关资料中很少涉及。压力对聚合物流变性影响的一种理论依据是：流体的粘度是由其自由体积决定的，聚合物的流动是经分子链的链段运动实现的，流动是一种链段在空穴中不断跃迁的运动，体系中自由体积越大，链段越易运动，聚合物就容易流动。压力是影响自由体积最直接的因素，压力增大，自由体积减小，链段运动受到限制，聚合物的粘度增大。聚合物的密度、分子量以及分子结构不同，粘度对压力的敏感性也不同。

在推进剂的药浆制备过程中，混合机的扭矩与药浆流变性相关。在 100 L 立式混合机的试验过程中，在真空混合前期，不加固化剂的药浆在混合结束前放气时扭矩随放气的进行而增大，表明推进剂混合前期的药浆流变性与压力有关。

3.3.2　增塑剂

增塑剂是一类低分子量、低粘度的化合物。增塑剂的主要功能是改变材料的塑性，增加粘流态聚合物的流动性，以利于加工。在推进剂配方设计中加入增塑剂有三方面作用，一是用于降低药浆粘度，以便配方能加入更多的固体填料，从而增加推进剂的能量；二是降低药浆粘度，使推进剂具有优良的加工性能；三是用于改善推进剂的力学性能。当然也有用含能增塑剂的，这时增塑剂除有上述功能作用外，还具有提高推进剂的能量的作用，例如 NEPE 推进剂中加入的硝酸酯增塑剂。

单从增塑剂影响聚合物的流变性而言，加入增塑剂后增塑剂分散于聚合物的大分子之间，一方面可将大分子分隔开来，为大分子的链段运动提供更多的空间，即增加自由体积；另一方面增塑剂可减小聚合物分子间的相互作用力。除此以外，增塑剂因分子小，粘度小，在大分子间可起到一种所谓的"分子滑轮"的效应，使聚合物分子间的相互滑动更容易进行。增塑剂的这些作用都可以降低粘度，从而改善聚合物的流动性。

粗略估算加入增塑剂后的聚合物体系粘度最简单的方法是用"混合法则"[1]，即

$$\log\eta \approx \phi_P \log\eta_P + \phi_L \log\eta_L \tag{3-2}$$

式中　η——聚合物和增塑剂混合体系的粘度；

　　　η_P、η_L——聚合物、增塑剂的粘度；

　　　ϕ_P、ϕ_L——聚合物、增塑剂的体积分数。

表 3-2 列出了实际测定的推进剂用粘合剂端羟基聚丁二烯（HTPB）和增塑剂癸二酸二异辛酯（DOS）组成的简单体系的粘度。图 3-7 对用"混合法则"预估的体系粘度和表 3-2 中实际测定的粘度进行了比较。

表 3-2　HTPB/DOS 增塑体系的粘度

HTPB/$wt\%$	DOS/$wt\%$	$\eta_{测}$/Pa·s(30 ℃)	备注
100	0	13.957 7	
90	10	8.544 5	HTPB $\rho_{25\,℃}$ 0.91 g/cm³
70	30	3.047 7	DOS $\rho_{25\,℃}$ 0.92 g/cm³
50	50	0.885 5	粘度测试:ARES平行板
40	60	0.490 3	ϕ50 mm,δ1.0 mm
20	80	0.095 3	测定温度:30 ℃
0	100	0.009 84	

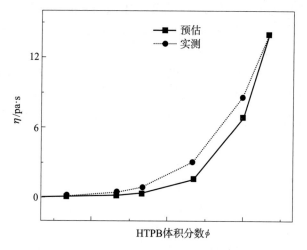

图 3-7　实测粘度与预测粘度的比较

由图 3-7 可见，推进剂 HTPB/DOS 增塑体系的实测粘度曲线在预估粘度曲线的上部，虽然数值不能很好地吻合，但实测粘度曲线与用"混合法则"预估的粘度曲线具有相同的变化规律趋势。

研究推进剂粘合剂的增塑体系时，也有用式（3-3）估计体系粘度的[7]。

$$\eta = a_0 e^{-b_0 \times w}(\eta_1 + \eta_2) + L \times W^{-p} \times e^{q \times [\ln(W)]^2} \qquad (3-3)$$

式中　η——推进剂粘合剂/增塑剂混合体系的粘度；

　　　η_1、η_2——粘合剂、增塑剂的粘度；

　　　W——增塑剂的质量分数；

　　a_0，b_0，L，p，q ——常数。

　　模型除了考虑体系的组成以外，在求模型中的常数 a_0、b_0、L、p、q 时还考虑了增塑剂和粘合剂的溶解度参数、增塑剂的结构和类型、粘合剂的分子量等因素。用式（3－3）估算 HTPB、CTPB、PBAN 分别与增塑剂 DOA、DOP 组成体系的粘度，其结果的符合性良好。

　　增塑剂对推进剂流变性的影响主要是通过增塑剂对粘合剂的流变性影响来实现的。实际推进剂中的增塑剂不一定只设计加入一种，有时可能要多种配合使用。另外，在分析考虑推进剂药浆流变性的增塑剂作用时，还要特别注意推进剂中加入的其他功能小分子液体组分，例如二茂铁类液体燃速催化剂、稀释剂等，尽管不叫增塑剂，但从流变学角度它起的也是增塑作用。在设计、分析推进剂的增塑作用时要注意进行全面的考虑。

3.3.3　温度

　　一般来说，温度升高，聚合物熔体流动容易，否则反之。在比玻璃化转变温度 T_g 高得多的聚合物粘流态下，剪切粘度 η 与温度的依赖关系和小分子液体一样，可用阿伦尼乌斯（Arrhenius）方程表示

$$\eta = A e^{\Delta E_\eta / RT} \tag{3-4}$$

式中　A ——常数，与分子结构有关；

　　　ΔE_η ——粘流活化能（kJ/mol）；

　　　R ——气体常数，8.314 J/mol · K；

　　　T ——绝对温度（K）。

　　聚合物的粘流活化能 ΔE_η 代表一个摩尔的运动的链段单元克服各种阻力实现质心移动所需的能量，表征聚合物粘度对温度依赖性的大小。聚合物粘流活化能 ΔE_η 一般为 20～210 kJ/mol。

　　聚合物在低的分子量范围内，粘流活化能随分子量的增加而变大，但当分子量很大时，粘流活化能趋于恒定，不再依赖分子量。因分子量小时，分子的长度小于一个运动单元的链段长度，这时随分子量的增加运动的链段单元的长度也增加，使流动的阻力随之变大。分子量很大时，一个分子不管有多少个运动的链段单元，它的每一个运动链段的长度是相当的，所以粘流活化能几乎是恒定不变的常数。这一结果使人们有理由认为，大分子的流动不像小分子那样，以一个分子为跃迁单位，而是通过链段运动的逐步位移，来完成整个分子的质心位移，实现流动。由刚性较大的分子链组成的聚合物，运动的链段单元的长度相对要长，链段运动不易。极性基团组成的聚合物，分子间相互作用大，致使链段的运动也不易。所以它们的粘流活化能也就较大。

　　聚合物的流动存在三个剪切速率区域，在假塑性流动区，粘流活化能有很大的剪切速率依赖性，剪切速率增大粘流活化能减小。在相互比较聚合物粘流活化能的大小时，需要采用相同的剪切速率或相同的剪切应力下测定的粘度数据。聚合物在假塑性流动区的粘流活化能只具有表观的意义，故称表观粘流活化能。

求取表观粘流活化能时，可对式（3-4）的两边取对数，得

$$\ln\eta = \ln A + \frac{\Delta E_\eta}{RT} \qquad\qquad (3-5)$$

以 $\ln\eta$ 为纵坐标，$1/T$ 为横坐标作图，在一定的温度范围内可以得到一条直线，直线的斜率即粘流活化能 ΔE_η。

图 3-8 所示为推进剂用的聚合物 HTPB 粘合剂在 40～60 ℃下测定的粘度数据得到 $\ln\eta - \frac{1}{T}$ 关系图。由图可见，结果呈很好的线性关系，表明 HTPB 的粘度判据与 Arrhenius 方程有很好的符合性。由图中直线的斜率可得到 HTPB 粘合剂的表观粘流活化能。

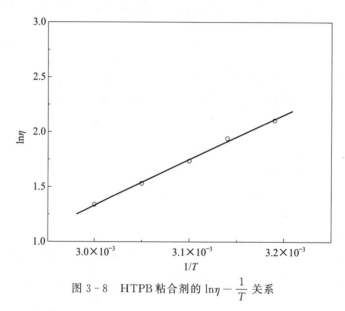

图 3-8　HTPB 粘合剂的 $\ln\eta - \frac{1}{T}$ 关系

由表 3-1 中推进剂用的几种粘合剂的表观粘流活化能的测定结果可见，HTPB 粘合剂的分子量 $\overline{M}_n$ 在 3 000～4 000 间时，表观粘流活化能为 33.5～36.0 kJ/mol，其值基本相当。表明当 HTPB 的分子量 $\overline{M}_n$ 大于 3 000 时，一个分子的长度已大于其运动链段的长度。表中几批 HTPB 的表观粘流活化能的值相当说明其链段运动时的阻力也基本相当，运动链段的长度和结构也相似。PBAN 的表观粘流活化能比 HTPB 的大，这是因为在 PBAN 的分子链中有强极性的腈基基团，分子间作用力大，使链段运动不易所致。而环氧聚醚（PET）和聚乙二醇（PEG）两种粘合剂，由于链段较为柔顺，以致表观粘流活化能小于 33.5 kJ/mol，为最小。

Arrhenius 方程中粘度与温度间的依赖关系，前提条件是聚合物的粘流温度要大于（T_g+100 ℃）。因为这些粘合剂的玻璃化温度均低于 -40 ℃，如 HTPB 的 T_g 为 -70 ℃，而求这些粘合剂的粘流活化能时的温度范围为 40～60 ℃，显然是符合大于（T_g+100 ℃）这一要求。

Williams、Landelt 和 Ferryf 则考虑了聚合物在 $T_g \leqslant T \leqslant (T_g+100)$ 范围内适用的

粘度对温度的依赖关系，简称 W－L－F 方程

$$\log \frac{\eta(T)}{\eta(T_g)} = \frac{-17.44(T-T_g)}{51.6+(T-T_g)} \tag{3-6}$$

式中　$\eta(T)$ ——绝对温度 T 时的粘度；

　　　$\eta(T_g)$ ——玻璃化温度时的粘度。

这里的温度 T 、T_g 均用绝对温度表示。常数－17.44 和 51.6 是根据聚合物在玻璃化温度时的自由体积的体积分数和体胀系数通过实验测得的，$\eta(T_g)$ 一般为 10^{12} Pa•s。适合于 W－L－F 方程的聚合物，简称 W－L－F 流体，它们的粘流活化能 ΔE_η 不仅取决于温度，而且还取决于玻璃化温度。

适于评价聚合物在低剪切速率下流动难易的粘流活化能的方程为

$$\Delta E_\eta = \frac{R\,\mathrm{d}(\log\eta)}{\mathrm{d}\left(\dfrac{1}{T}\right)} = \frac{4.12 \times 10^3 T^2}{(51.6+T-T_g)^2} \tag{3-7}$$

表 3－3 列出了不同的 T_g 和 $(T-T_g)$ 下，W－L－F 流体的粘流活化能 ΔE_η 。当温度接近 T_g 时，活化能变得非常大，T_g 较大时尤为显著。

表 3－3　W－L－F 粘流活化能

$T-T_g$/K	活化能/(kJ/mol)			
	$T_g=200$ K	$T_g=250$ K	$T_g=300$ K	$T_g=350$ K
0	259.0	404.6	582.8	793.2
2	245.0	381.2	547.3	743.5
5	226.4	349.8	500.4	678.2
10	200.4	307.1	436.4	588.7
20	162.8	245.2	344.3	460.2
30	136.8	202.9	282.0	374.0
50	104.6	150.2	204.6	267.4
80	78.2	108.4	143.9	184.1
100	67.4	92.0	120.1	151.9

W－L－F 方程可以用来计算温度为 T 时的粘度或计算一定粘度所对应的温度，可作为各种聚合物加工时计算机进行自动控制反馈技术的基础。

3.4　小结

聚合物粘合剂为推进剂药浆提供了流动性，是决定药浆工艺性能的灵魂。推进剂药浆的工艺性能与聚合物粘合剂的流变特性密切相关，聚合物流变学是推进剂工艺性能的基础支撑学科。

可以说聚合物流变学是流变学发展的基础，以至于人们一提起流变学似乎就是聚合物材料的流动，所以人们对聚合物流变学的研究较多也颇深入。本章所述的内容主要是和推

进剂粘合剂相近的链式高聚物熔体的流变特性。交联高聚物的流变特性在推进剂中也有很重要的地位，将在推进剂药浆流变性的部分介绍。

聚合物流变学要从高分子的运动特征和组成特征两个方面去理解。

1）聚合物流动时的分子运动特征。

a）从分子运动角度来看，流动是分子质量中心的移动。

b）大分子流动时不像小分子那样以一个分子为跃迁单位，而是通过分子中链段的逐步位移完成整个分子链的质心位移而流动。也可说是通过"蚯蚓"式的蠕动来实现的。

c）流动与自由体积有关，链段是在空穴中不断跃迁而移动，自由体积越大，越易流动。

2）聚合物的分子结构特征。

a）与小分子化合物相比，聚合物分子的最大特征就是"大"。聚合物分子由很大数目的（$10^3 \sim 10^5$）结构单元以化学键相连而成，从而导致分子量的多分散性、链的刚柔性和具有力学响应的粘弹性。

b）大分子间的作用力大。尽管大分子间的范德华力比化学键小得多，但是由于分子量大，每个高分子链与邻近链之间的次价力的作用点数目很多，所以作用力的总和远大于高分子主链上每一个化学单键的强度。

根据聚合物分子的上述特点，较易理解聚合物的各种流变特征。分子量大，一个分子链由多个运动单元组成，要实现分子的质心位移不易，粘度高。因为控制聚合物流动的核心是链段运动，所以反映链段运动特征的粘流活化能就是常数。分子链的刚性大，组成自由运动的链段长度要相对长，链段运动不易，刚性链分子的聚合物粘度就高，聚合物的粘流活化能也就高。分子中有极性基团，分子间的作用力大，要阻碍链段的运动，极性聚合物的粘度和它的粘流活化能均相对要高。压力增加，使自由体积减少，链段从一个空穴跃迁到另一个空穴的阻力就大，粘度增大。温度影响自由体积的变化，所以在 $T_g \leqslant T \leqslant (T_g + 100)$ 温度范围内，粘度和温度的关系可以很好地使用基于自由体积变化和 T_g 关系的 W‑L‑F 方程描述。而当 $T > (T_g + 100)$ 时，粘度和温度的关系和小分子液体一样符合 Arrhenius 方程，这时分子的运动主要由分子的整链运动和链节的运动决定。聚合物的流动是通过大分子链段的逐步位移，实现整个分子链的质心位移，流动特性与驱动流动的外界作用力、作用时间密切相关，即与剪切应力和剪切速率相依赖。所以聚合物熔体的流动存在于第一牛顿流动区、假塑性区和第二牛顿流动区这三个流动特征不同的剪切速率区域。

聚合物分子在外力作用下，形态和结构发生变化而流动。在一定的外力条件下，即一定的剪切应力或剪切速率下，形态和结构的变化是一个动平衡过程。同时存在旧的形态、分子间作用点结构的破坏和新的形态、分子间作用点结构的形成，随着剪切应力或剪切速率的增大，逐渐向被破坏的多的方向和重新形成的少的方向发展。这样，随着剪切速率增大，流动时相对所需的剪切应力越来越小，流动越容易，即所谓的剪切稀化，此时呈假塑性流动。

　　聚合物流变性与推进剂药浆的流变性密切相关，但一般不能直接等同于推进剂药浆的流变性的特征和规律。分析、调节和控制药浆的流变性时既要考虑推进剂用粘合剂聚合物的流变特性，也要考虑推进剂配方设计的其他组分和工艺条件对药浆流变性的影响。一般在配方的途径探索或虽完成基础配方但粘合剂规格尚未定型的阶段应重点注意粘合剂聚合物自身的流变特性。在初样配方完成及以后的试样、正样配方研究阶段，粘合剂的用量、品种既已确定，规格也已定型，这时研究药浆的工艺性能应主要考虑推进剂其他组分和工艺条件的作用。

　　推进剂用的聚合物粘合剂既要考虑聚合物对药浆工艺性能的影响，更要考虑粘合剂在推进剂中的根本作用是为推进剂提供特定的力学性能。一方面，因为粘合剂的品种、分子结构对流变性和力学性能的影响规律不尽相同，所以要综合平衡粘合剂各种分子参数对流变性和力学性能的影响而后确定推进剂用粘合剂的质量指标。另一方面，粘合剂或药浆的流变性研究中也有推进剂力学性能的某些指纹特征，这预示着在一定程度上还可用流变学手段来研究推进剂的力学性能，开拓研究推进剂力学性能的新的视野。

参 考 文 献

［1］ L E 尼尔生 . 聚合物流变学 ［M］. 范庆荣，宋家琪，译 . 北京：科学出版社，1983.

［2］ 中国科技大学高分子物理教研室 . 高聚物的结构与性能 ［M］. 北京：科学出版社，1981.

［3］ R S 伦克 . 聚合物流变学 ［M］. 宋家琪，徐文祥，戴耀松，译 . 北京：国防工业出版社，1983.

［4］ 金日光 . 高聚物流变学及其在加工中的应用 ［M］. 北京：化学工业出版社，1986.

［5］ 许元泽 . 高分子结构流变学 ［M］. 成都：四川教育出版社，1988.

［6］ 成都科技大学，张开 . 高分子物理学 ［M］. 北京：化学工业出版社，1981.

［7］ B M BANDGAR，K C SHARMA，V N KRISHNAMURTHY，et al. A generalized mathematical model for rheological properties of solid propellant binder system，Theory and Practice of Energetic Materials，Proceedings of the international autumn seminal on propellants、explosives and pyrotechnics，4th，Shaoxing，China，Oct，2001：186 - 192.

［8］ 何平笙，朱平平，杨海洋 . 在《高聚物的结构与性能》课程中讲透高聚物的特点 ［J］. 高分子通报，2001（5）：74 - 79.

［9］ H A 巴勒斯，J H 赫顿，K 瓦尔特斯 . 流变学导引 ［M］. 吴大诚，古大治，译 . 北京：中国石油工业出版社，1992.

［10］ 成都科技大学，王贵恒 . 高分子材料成型加工原理 ［M］. 北京：化学工业出版社，1982.

［11］ A C 库兹明斯基，C M 卡冯，B П 基尔皮乔夫 . 弹性体制造、加工和应用的物理化学基础 ［M］. 张隐西，陈跃庭，陈根度，译 . 北京：化学工业出版社，1983.

第4章　推进剂药浆流变特性

4.1　概述

推进剂的制备和加工，实际是药浆流体的配制和成型，推进剂药浆流变特性研究贯穿于推进剂研制、生产的全过程，推进剂流变学是复合固体推进剂领域的一门很重要的支撑学科。

推进剂流变学是研究推进剂药浆的流动形变的科学，推进剂药浆流变特性，遵循一般流体流动形变中施力与形变的关系，同时还有推进剂药浆特定体系的流动形变特征。

复合固体推进剂药浆由高分子聚合物粘合剂提供药浆的流动性，具有高分子聚合物流变学的特性。推进剂为了提供更高的能量，一般加入高达70%～90%的固体颗粒组分，与液体粘合剂混合均匀，制成多相流体，要用高固含量悬浮液的流变特性描述，则又具有高固含量悬浮液特性。最后，推进剂药浆要经化学反应，使高分子粘合剂变成网状结构，制成有固定形状，具有所需机械力学性能的药柱，这又是化学流变学的问题。所以，推进剂流变学是涉及聚合物流变学、高固含量悬浮液流变学和化学流变学的一个流变领域，是一个非常特殊和复杂的流变学体系。

推进剂药浆流变特性以流变学基本理论的弹性和粘性形变为基础，处理的是大量的粘弹性形变。流变行为主要表现为非牛顿性的流动，特别是流体的假塑性。其次还要依据化学反应理论，主要是有机化学反应的过程，及其与温度、时间和一些其他组分的关系。结合推进剂以聚合物大分子作粘合剂、高填量、热固性的特征，研究推进剂药浆的流体类型、特性、变化规律及影响因素。

4.2　推进剂流变学基础

流变学研究的是材料的流动和形变特性。当材料的形变与所受的外力成正比，这是弹性固体的形变特征，遵循胡克定律，而当应力和应变的速率成正比，这是牛顿流体的形变特征，遵循牛顿粘性定律。弹性形变是短暂的、可回复的形变，而"粘性流动"是持续的、不能恢复的形变，故也称流变。

流变学的定义已经允许其研究所有物质的行为，包括胡克弹性固体和牛顿粘性液体这样的极端。实际上很多真实材料的形变常常是复杂的。

所有材料都要受到力的作用，包括重力及各种相互施予的力。随观测材料状态的时间不同，材料所谓的"固体"或"流体"不是一成不变的。当外力对材料的作用时间小于某一时间时，材料呈固体的弹性特征，而当外力的作用时间大于这某一时间时，材料就会呈流动状态，材料的这一特征时间用 τ 来表示。对于遵循胡克定律的弹性固体的 τ 为无穷大，而对于牛顿粘性液体的 τ 则为零。如山脉的特征时间约为 10^{13} s，水的特征时间约为 10^{-13} s。

为了判断在某一特定观察形变的时间内，材料是呈固体还是液体，或人们要使材料呈固体或流体时应对它施加多长时间的形变过程才能实现，现代流变学奠基人之一的 Reiner 教授提出用一个无量纲数组来表示，即 Deborah 数 D_e

$$D_e = \tau/T \tag{4-1}$$

式中　T ——观察物料/材料的形变（或流动）过程的时间；

　　　τ ——物料/材料的特征时间。

高的 Deborah 数对应于似固体行为，低的 Deborah 数对应于似液体行为。由式（4-1）可知，对于特征时间很小的液体，如果对它研究观察的时间极短，即 T 很小，则 D_e 也可能很大。比如水，它的特征时间 τ 很小，约为 10^{-13} s，在人们的日常生活中观察，它是典型的流体。但是如果让水在喷枪的细小喷孔中，以高速喷出，它的流动过程的时间就远小于它的特征时间 τ，使 D_e 达到很大，这时通常看似柔和的水，就成了比金属还硬的固体，现在人们据此制成了水刀，用来切割坚硬的金属等物体。反之，尽管山脉的特征时间 τ 很大，约为 10^{13} s，但假若观察等待的时间足够长，甚至山也在流动，正如中国古人所言的"一切皆流"。

实际上通常人们观察认识周围的材料是液体还是固体，根据的是材料对于低应力的响应，即对重力的响应，以及人们根据日常生活的时间标尺，通常不会多于几分钟但也不会少于几秒钟来确定的[1-2]。

4.2.1　形变特性

物质的形变有各种各样的形式，就其本质来说包括弹性、粘性及各种组合而成的所谓粘弹性[3-4]。

4.2.1.1　粘性形变

粘性形变可形象地用图 4-1 所示的粘壶描述，它服从牛顿粘性定律，应变速率与外力成正比，剪切时应力用下式表达

$$\tau = \eta\dot{\gamma} \tag{4-2}$$

式中　τ ——剪切应力；

　　　η ——粘性系数或称粘度；

　　　$\dot{\gamma}$ ——剪切速率。

4.2.1.2　弹性形变

弹性形变可用图 4-2 所示的一根符合胡克定律的弹簧描述，应力与应变的关系式为

$$\sigma = E\varepsilon \tag{4-3}$$

式中　σ ——正应力；

E ——弹性模量；

ε ——正应变。

图 4 - 1　力学模型粘壶　　　　　　　图 4 - 2　力学模型弹簧

应变与应力成正比，这种应力与应变的关系不随时间而发生变化，表现为瞬时的弹性变形和瞬时的回复。

4.2.1.3　粘弹性形变

粘弹性形变可通过粘性和弹性的各种组合表达，如图 4 - 3 所示。粘壶和弹簧的组合，最基本的是串联和并联两种组合，前者称为麦克斯韦（Maxwell）模型，后者称为开尔文（Kelvin）模型。

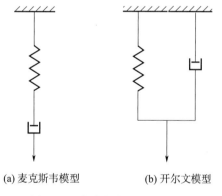

(a) 麦克斯韦模型　　　　(b) 开尔文模型

图 4 - 3　粘弹性力学形变模型

4.2.2　流变特性

推进剂研究、制造的过程，实际是一种特殊流体的配制和加工过程。人们要知道推进剂药浆从流动开始到静止为止，整个过程中各个不同阶段的流动形变特性。研究推进剂药浆的稳态流变特性，主要涉及对药浆流体的本性、剪切应力和剪切速率与粘度的关系及流体粘弹性的认知、表征和测量[5-6]。

4.2.2.1　流动曲线和粘度曲线

剪切应力是流体流动的驱动力，剪切速率是流体稳流时的速度梯度，两者是描述流体流动特征的基本参量。

剪切应力与剪切速率间的关系及这种关系呈现的各种特征，反映了各种流体的流变特征。剪切应力与剪切速率的关系用图表示称为流动曲线，如图4-4（a）所示。

为了清晰地表达，也可采用粘度和剪切速率或剪切应力的关系表示，称为粘度曲线，如图4-4（b）所示为用粘度和剪切速率的关系表示的粘度曲线。

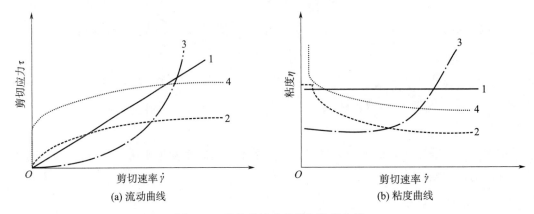

(a) 流动曲线   (b) 粘度曲线

图4-4   流体的流动曲线和粘度曲线

1—牛顿流体；2—假塑性流体；3—胀流性流体；4—有屈服值的假塑性流体也称塑性体

4.2.2.2 流体分类和流变性

流体分为牛顿体和非牛顿体。牛顿体是一种呈现牛顿流动特性的流体，流体受外力作用时，剪切应力与剪切速率成正比关系，表现为其粘度不随剪切速率的变化而变化，是一恒定值，其流动行为如图4-4（a）中曲线1所示。另外，一些非牛顿流体在特定的剪切应力或剪切速率条件下也可表现出牛顿流体的流动行为，如高聚物流体在低剪切速率和高剪切速率存在的第一牛顿流动区和第二牛顿流动区。

除牛顿流体以外的流体都是非牛顿流体，非牛顿流体又分与时间无关的流体和与时间有关的流体。与时间无关的流体主要有假塑性流体、胀流性流体、有屈服值的假塑性流体和有屈服值的胀流性流体。非牛顿流体可用假塑性指数、表观粘度等流变参数表示。

假塑性流体在很小外力作用下就可开始流动，剪切速率对剪切应力的响应呈非线性关系，随剪切速率增大，剪切应力的增加率下降，粘度亦下降，如图4-4（b）中的曲线2所示。

假塑性流体的剪切速率与剪切应力的关系，在工程上常用幂律方程表征，如下式

$$\tau = k\dot{\gamma}^n \tag{4-4}$$

式中 k ——幂律系数（也有称稠度指数）；

       $\dot{\gamma}$ ——剪切速率；

       n ——假塑性指数。

人们根据假塑性指数 n 的大小判断流体的类型和流体假塑性的大小。当假塑性指数 $n < 1$ 时，为假塑性体；$n > 1$ 时为胀流体；$n = 1$ 时为牛顿体。

非牛顿流体的粘度具有剪切依赖性。在一定的温度下，严格地说，是在一定的温度和

一定的压力下，非牛顿流体的粘度不是定值，随剪切应力或剪切速率的不同而变化，这种粘度只有表观的意义，所以将非牛顿流体的粘度习惯称为表观粘度。正如图 4 - 4（b）中的 2、3、4 代表的假塑性体、胀流体、有屈服值的假塑性体三种非牛顿流体的粘度曲线，都不是平行于水平轴剪切速率的直线。

触变性流体是一种与时间有关的非牛顿流体。由于流体内部存在各种各样的流动结构单元，流体在流动形变时，流体结构发生破坏而变化，这种变化不仅与促使流动的外界施力有关，而且还与施力时间有关。

因为流体的触变特性既与剪切速率有关又与作用时间有关，所以常用所谓的滞后曲线来描述。流变测试时，首先按程序增加剪切速率到一定值，得到一条上升的流动曲线，然后按相同的反向程序将剪切速率降至零，得到另一条下降的流动曲线。因为在上升的剪切测定中，流体结构随时间的增加不断被破坏，而在下降的剪切时，又由于流体内的粘性，使被破坏的结构不可能被瞬时恢复，触变性流体的上行和下行的两条流动曲线就不能重合。两条曲线间的包络面积即是所谓的触变破坏面积，触变破坏面积的大小就表示该流体触变性的大小，图 4 - 5 就是用流动曲线表征的触变包络线。触变性大小除用触变破坏面积来比较外，也可用定剪切应力（速率）下，上升流动曲线和下行流动曲线上的剪切速率（应力）的大小进行比较。同理也可用粘度曲线进行表征。

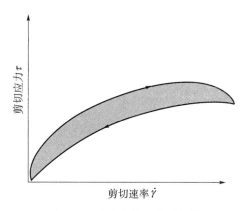

图 4 - 5　流动曲线的触变包络

流体在产生流动形变之前，有一段呈弹性的小形变过程，使流体由弹性形变转变为流动形变所需的最小应力也即临界应力，称为流体屈服应力简称流体的屈服值。有屈服值的流体，屈服后的流动行为呈假塑性的，称为有屈服值的假塑性流体，如图 4 - 4（a）中的曲线 4 所示，而有屈服值的流体，屈服后的流动行为呈胀流性的，称为有屈服值的胀流性流体。流体的屈服值一般很小，普通的流变测定仪器较难直接测定，需用特定的流变仪器装置才能测定，所以以前也常有用流变模型估算屈服值，这种模型有 Bingham、Casson 或 Herschel - Bulkley 等，也可用流动曲线进行等结构线外推，使曲线与表示剪切应力的纵轴相交来获得。

胀流性的流体在一定的剪切应力和剪切速率条件下表现为胀流流动的特性，如图 4 - 4（a）中的曲线 3 所示，胀流性流体的粘度随着剪切速率增大而增大，这是流体经剪切形成了新的结构，从而增加了流动形变阻力所致，这种流体较少见。

4.2.3 悬浮液流变特性

悬浮液是指由连续相的液体和分散相的固体颗粒两相组成的体系，这种悬浮液呈多组分和多相的特点，内部存在各种微观结构。表征悬浮液宏观性质的流变性强烈地依赖于悬浮液的组成比例和内部的微观结构，悬浮液的流变特性呈明显的非牛顿流动特征。

悬浮液粘度根据体系的组成情况有各种表达方式[7-8]，以爱因斯坦方程为例

$$\eta = \eta_0(1 + 2.5\phi) \tag{4-5}$$

式中　η ——悬浮液粘度；

η_0 ——液相介质粘度；

ϕ ——粒子体积分数；

2.5——爱因斯坦系数。

爱因斯坦方程只适用于牛顿流体中，球形粒子，浓度很稀，粒子间不存在相互作用，分散均匀的情况。方程还表明悬浮液粘度与悬浮粒子的性质和大小无关。式（4-5）中的爱因斯坦系数适用于粒子为球形的状态，当粒子形状为椭圆、立方、棒状等非球形时，爱因斯坦系数会随之变化。

实际上有很多悬浮液，其连续相的流体有时既非牛顿介质，粒子浓度范围也较大。粘度的理论表述很困难，大多用经验或半经验的方程表达。尽管如此，有时还要设置一定的条件才能适用。对于浓度范围较大的情况，与实验数据比较符合的有 Mooney 方程，其表达式如下

$$\eta = \eta_0 \exp\left(\frac{k_e\phi}{1 - \dfrac{\phi}{\phi_m}}\right) \tag{4-6}$$

式中　k_e ——爱因斯坦系数；

ϕ_m ——最大体积分数，其值在 0.35～0.91。

推进剂药浆是一种高固体含量的悬浮液，具有悬浮液流变的各种特征，也呈非牛顿流动性[9]。推进剂药浆的流动性一般与下列因素有关：

1）连续相液体粘合剂体系的性质，自身的流变特性与固相粒子的润湿性；

2）分散相氧化剂、金属燃料粒子的形状、品种、加入的含量、表面特性、粒度及粒度分布；

3）固/液界面特性，电性质，对油水酸碱的亲疏性，结构是润湿还是偶联；

4）推进剂药浆具有的热固性特征，固化体系种类，固化参数、温度及时间；

5）药浆的制备过程、设备及工艺。

对于推进剂药浆这一特种流体粘度的估算，可根据推进剂组成计算真实药浆的粘度，人们在这方面也做了很多的努力和尝试[10-11]。

4.2.4 化学流变特性

流体中存在化学反应，流体的流变特性既与流体的组成有关，更要受化学反应类型、

温度、时间以及环境条件的影响。复合固体推进剂首先是将各种固、液组分配制成流动的药浆，然后经化学反应即常说的固化反应形成固体药柱。固体推进剂药浆具有化学流变的特性，因此药浆流变性既由推进剂的配方组成决定，又与固化体系的化学反应类型、固化参数、温度、时间、外界环境的湿度和反应介质等相关，这是个非常特殊且有趣的悬浮液-化学流变体系。

4.3　推进剂药浆的组成和结构

推进剂的组分特征和药浆结构决定了推进剂药浆流动时的流变特性。推进剂药浆是一种以氧化剂 AP、金属燃料铝粉等固体颗粒组分为分散相，高分子粘合剂、增塑剂等液体组分为连续相，经混合制成的一种高固体含量的悬浮液。

推进剂药浆的组成中一般固体含量高达 70% 以上。固体填料以颗粒状加入，固体颗粒有氧化剂 AP、金属燃料铝粉等种类。颗粒的表面性质分为亲水和憎水，极性和非极性，颗粒形状有球形和非球形，粒径大的达数百微米，小的可至纳米层级，每种颗粒的粒度还有分布宽、窄的不同，以及不同品种和不同粒度间进行的级配。推进剂药浆的连续相称之为粘合剂体系，粘合剂体系的主体部分由分子量达数千的高分子胶组成，其他部分由小分子增塑剂、固化剂和各种分子大小不一的液态或固态的功能组分组成。粘合剂体系中的高分子粘合剂除有分子量大小及本体粘度各异的区别，还有分子结构的直链和支化、空间结构的顺式和反式、链段的柔软和僵硬、基团的类别、位置和反应特性的不同，粘合剂体系中的功能组分，如固化剂、增塑剂、燃速调节剂、防老剂、工艺助剂、偶联剂等，由于各自作用的需要，组分的分子大小、极性、酸碱程度、基团性质等具有相当的多样性。

推进剂药浆由上述各类品种、各种特征的固体颗粒和液相组分经混合制成。推进剂不仅要求各组分在药浆流体中分布均匀，而且要求液体能充分地润湿固体颗粒表面。由于固化剂与粘合剂高聚物进行固化反应，所以推进剂药浆是一种时温可变的反应性流体。推进剂中加入的各种功能组分有时会对填料界面、连续相结构或固化反应动力学产生影响。推进剂药浆内部存在着固体与固体、液体与液体、固体与液体之间的各种物理、化学的多重微细结构，这些都增加了药浆流体的多样性、多重性和复杂性。推进剂药浆流体中存在的多种流体结构和相互作用决定了药浆的流变特性，当然也决定了药柱的力学性能。这些结构和相互作用可概括为如图 4-6 所示的模式[13]。

图 4-6 的 5 种结构中，图 4-6（a）表示填料颗粒间的聚集作用，由填料颗粒的表面极性或电荷等吸引所致，也可能是由于填料形状不规则引起"桥"接，或是高填充量下颗粒间的紧密堆砌，或由一个高分子链与两个以上填料颗粒相联造成的聚合物"桥"接，也可能由附集在填料颗粒表面的功能助剂中极性基团间的吸引或填料表面吸附的水分引起的聚集所致。图 4-6（b）为粘合剂体系等液体组分与填料颗粒的固/液界面结构，有润湿作用和偶联作用之分。图 4-6（c）为粘合剂链的缠结结构，当粘合剂分子量大于临界缠结

分子量时才存在。图 4-6（d）示出了粘合剂体系分子间的次价力作用，包括粘合剂分子中极性基团间的吸引，如氢键，也包括由功能组分的小分子作中介引起粘合剂分子间的作用，以及增塑剂的增塑作用。图 4-6（e）为固化反应使粘合剂形成的扩链结构和交联结构。

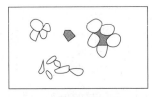 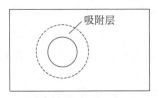

(a) 填料颗粒聚集结构　　　　　　　　(b) 固/液界面层结构

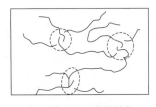 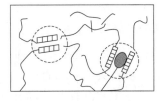 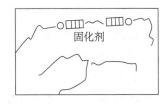

(c) 粘合剂分子缠结结构　　(d) 粘合剂分子间的作用结构　　(e) 粘合剂的扩链和交联结构

图 4-6　推进剂药浆的内部结构模式图

4.4　推进剂药浆的流动

推进剂药浆流动的过程是在外力作用下，体系中高分子和其他液体分子发生流动，同时带动所附颗粒一起运动的过程，药浆发生的流动一般是剪切流动。推进剂的组成和药浆结构的复杂性、多重性使推进剂药浆的流动形变呈现各种各样的非理想的粘弹性特征，推进剂药浆是一种非牛顿流体[12]。

推进剂药浆除了具有高浓度悬浮液的流变特性外，也具有高分子的流变特性，同时还与化学流变学相关。推进剂药浆流变特性可表示成函数 $f=(s, \dot{\gamma}, t, T)$，$s$ 为配方组成和特定制药工艺，这是决定药浆流变特性的本质因素，$\dot{\gamma}$ 是剪切速率，非牛顿流体在不同的剪切速率范围，会呈不同流体类型，t、T 分别表示时间和温度，推进剂药浆是热固性材料，流变特性受固化时间和温度的影响。

4.5　推进剂药浆流变特性

4.5.1　流变曲线

流动曲线和粘度曲线统称为流变曲线。通过流动曲线或粘度曲线，可全面分析流体的流变特性，结合实验条件的温度和时间变化，就可对流体在生产加工过程中的特性进行分析和评估，从而指导生产和控制产品质量。

推进剂药浆的流动曲线如图 4-7（a）所示，粘度曲线如图 4-7（b）所示。图 4-7（a）

中，流动曲线基本可分成两段。开始，随剪切速率增加，曲线上升，如 $\overset{\frown}{AB}$ 段。当到达 B 点后，随剪切速率继续增加，曲线下降，到达一定高的剪切速率后，曲线开始呈不规则波动状下行。从对应的粘度曲线图［见图 4 - 7（b）］可见，从起始测定到很低的一个剪切速率范围内，对数粘度几乎不变，遵循牛顿型流动规律，图中 C 点（剪切速率约在 $1\ s^{-1}$）以后，对数粘度呈逐渐下降趋势，显示粘度随剪切速率增加而逐渐下降，表明这一阶段流动行为呈假塑性特征，之后随剪切速率继续增加，粘度呈不规则下降，由此可知，推进剂药浆流动特性有三种状态，在很低的剪切速率段为牛顿型，继续增加剪切速率到某一个临界值间的一个特定剪切速率范围内为假塑性，再继续增加剪切速率，如越过图中的 B 点，则发生不规则的流动畸变。

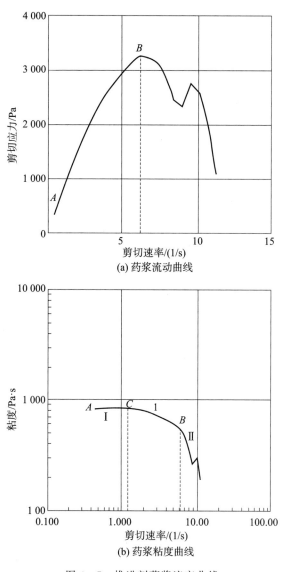

图 4 - 7　推进剂药浆流变曲线

以上现象可做如下解释，从宏观上看推进剂药浆由两部分组成，一部分是以高分子粘合剂为主的连续相，另一部分是由固体填料颗粒组成的分散相。测试时，切应力可使连续相中的高分子链段发生伸直取向、解缠，临时性的分子间作用力氢键、偶极受到破坏使大分子间发生滑移，切应力也可使分散相的悬浮颗粒顺切力方向定向，使颗粒与颗粒、颗粒与连续相液体分子间的一些结构、作用等遭到破坏或变形。在很低的剪切速率时，药浆的流动形变速度很慢，流动元间相互位移的距离极小，由于布朗运动，使受切变扰动的所有液体分子和固体颗粒，有足够的时间恢复到原来的随机状态，这时表现为粘度不随剪切速率而变化的牛顿流动特征。随剪切速率继续增加，切变破坏了药浆内部阻碍流动的一些临时性结构，但又没有充分时间使得结构恢复，结果使粘度随剪切速率的增加而下降，药浆表现为假塑性。当剪切速率继续增大达到某一值后，如图 4 - 7 (a)、(b) 中的 B 点对应的剪切速率，由于推进剂药浆在剪切场下是一种非平衡流，由固相流和液相流两部分组成，所以在一定的剪切速率范围内，两相之间有均匀的动量传递，表现为稳定的层流状态。当剪切速率超过某一临界值后，连续的液相流和分散的填料颗粒固相流不再同步，出现分离[14]，发生流动畸变，结果使测量的粘度表现为急剧下降，流动曲线呈不规则向下波动的趋势。这也是在药浆流变测试中高剪切速率时出现的转子打滑现象。流动曲线上 B 点对应的剪切速率就是药浆中出现转子打滑的临界剪切速率值。越过 B 点后，只要施加较小的剪切应力就可达到所谓的较大的剪切速率，但此时的测定结果已无任何实际意义。

4.5.2　粘度

粘度是描述流体流动时，流体内部阻力的一种物理量，也可说是描述耗能的一种物理量。牛顿流体的粘度是常量，不随剪切速率变化而变化。非牛顿流体的粘度只具有表观意义，是一种有条件限制的粘度，并随剪切速率或剪切应力的不同而改变。表观粘度只能说是在某剪切速率或剪切应力下的粘度值是多少。

推进剂药浆是典型的非牛顿流体，药浆粘度只能是表观粘度。药浆的粘度特征如图 4 - 7 (b) 所示。从图 4 - 7 (b) 可见，在很低剪切速率的牛顿区 (Ⅰ) 粘度很高，在某一剪切速率范围内 (Ⅱ) 粘度较低，且粘度随剪切速率增加而逐渐降低。超过流动畸变点的剪切速率后，曲线呈不规则波动状下降，此时测量探头已打滑，尽管显示了更低的粘度，但已非稳态测定的粘度，是一些无意义的值。所以推进剂药浆粘度的主要特征不是常量，在使用粘度研究和比较药浆流变性时，必须注意选择稳态流动下的测试条件，数据间的相互比较，要注意条件的同一性，即要在相同的剪切速率（应力）下进行研究比较。

4.5.3　假塑性指数

推进剂药浆是一种高固体含量悬浮液的非牛顿流体，流变性服从幂律关系。幂律指数 n 是流体非牛顿性的一种表征参量，反映了剪切应力和剪切速率间的一种非线性相互变化的关系，当 $n < 1$ 时称为假塑性指数。推进剂药浆是假塑性流体，药浆的假塑性指数 n 一般小于 1。

　　用幂律模型表征推进剂药浆特征时，要合理地确定一个剪切速率范围，一般选取药浆屈服后的一个较低的剪切速率至某一剪切速率的范围，如图 4 - 7 中Ⅱ区对应的剪切速率范围内，推进剂药浆呈现的是假塑性，在这一剪切速率范围内研究药浆的假塑性指数才有意义。

　　由于推进剂药浆内存在多种微细结构，当外界施加的剪切力超过这些结构所构成的静止力时结构被破坏，药浆开始流动。随剪切力增加，破坏的结构越多，流动越易。这时测定获得的假塑性指数反映的是推进剂药浆内部流动元结构破坏程度的状态，从这种意义上说，n 还是药浆的一种结构参数。

　　n 值的大小以及 n 值适用的剪切速率或剪切应力的范围会随不同配方体系或同一配方药浆出料后不同时间或不同测定温度而变化。推进剂的假塑性指数，在配方的调节、工艺的控制中，有很好的参考意义。

4.5.4　胀流性

　　流体呈现胀流性特性时，随剪切速率增加，粘度增加，假塑性指数 n 大于 1。特殊的推进剂，如含有大量细颗粒填料的配方药浆，有时可能具有胀流性特性的流动特征。

　　由于人们大多注重的是混合后推进剂药浆的流变性，混合完毕后的推进剂药浆呈胀流性的比较少见，研究的也不多，但不等于胀流性在推进剂制备过程中不存在或不重要。在推进剂混合初期，首先要将填料颗粒混入粘合剂的液相。这时的混合过程是最危险的阶段，尤其是初始开机阶段的填料干混，操作极其危险。实际上在填料干混后，填料在粘合剂体系中逐渐分散，继续混合均匀，在全部填料颗粒被充分润湿前，也是比较危险的过程。

　　推进剂设计有高含量的细颗粒组分时，例如在高燃速推进剂中，设计加入了大量的细氧化剂 AP，推进剂混合时，一次加入大量的细 AP 经浆叶搅拌，促使细 AP 均匀分散于粘合剂体系中，由于细 AP 表面一般未经处理，表面形态是不规整的，甚至带有电荷、极性或吸附的水分等，当颗粒相互接触时，就有可能互相咬合、吸引，形成大的团粒聚集体。随混合的进行，颗粒间不断地接触，形成的团粒聚集体会越来越大。这时混合的阻力会越来越大，有可能会导致混合机的浆被卡死不转或是发生爆炸。这一混合过程前期的药浆，有时聚集在混合机的死角形成黄褐色的硬块，实际这是一种胀流性的流体，正是由于胀流体的特性，造成了这些严重的不安全后果，但还未见有文献从胀流体的角度去研究和认识这一现象。

　　尽管如此，在混合时，人们还是从安全角度做了各种努力，实际是解决由胀流体特性引起的问题。例如，采用将细 AP 分批加入或粗细粒度交替加入、调整增塑剂加入批次和加入量、先慢速混合、后视情况再增加转速变成快速混合等办法。这些措施主要是为了减少细 AP 颗粒间的裸面接触概率，减缓或减少药浆中的胀流性体的结构形成，减小前期混合药浆粘度增大引起的阻力，以便控制在安全混合的扭矩范围之内。

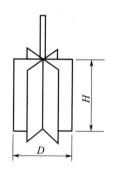

4.5.5　屈服值

屈服值是塑性力学研究的问题，即物料中存在某些阻碍形变的结构，当外界施力小于这个结构的强度时，物料静止不动，类似固态，当外界施力大于这个结构的强度时，呈液态特征，物料开始流动。使物料发生流动的临界力称为屈服力或屈服值，它是物料结构强度的一种表征。推进剂药浆具有高固体含量且内部存在众多的结构[13]，这些结构的强度是药浆具有屈服值的原因。

人们常用稳态流动曲线进行等结构线外推或将流动曲线拟合成如 Bingham、Casson 或 Herschel - Bulkley 等有屈服值的模型表示的本构方程，然后将外推剪切速率等于零时的剪切应力值作为屈服值[7]。等结构线外推的精确度很大程度上取决于能否在极低的剪切速率下进行测定的能力及测定的精度。用测得的流动曲线拟合后所得的模型方程，外推剪切速率为零时的屈服值，可能时有意外。因非牛顿型流体药浆的这种流动曲线是在大于零剪切速率一定值后的某一剪切速率范围内测得的物料稳定流动状态的特性，而真正的屈服值按定义应是物料由固态行为向液态行为转变的临界应力。所以，从测定非牛顿性的最小剪切速率到零剪切速率间的流动行为与已测剪切速率范围内的非牛顿性的流动行为，两者是否连续一致，则不一定。当仪器能测的剪切速率越低，测定的精度越高，曲线规律外推至零剪切速率的符合性可能会高些，但这种测试的改进，可能需要付出十分昂贵的代价。所以，最好用实际测定来获得流体物料的屈服值，就可避免上述两种外推所得屈服值的不确定性[15]。对于许多工业过程，都要用到屈服值这个参量，人们已做了大量的努力研发了更好、更可靠的屈服值测定方法[16-17]。

桨叶法[15,18]是一种直接测定高固体含量悬浮液的屈服值的方法。它是将旋转圆筒粘度计的圆柱形测量转子换成如图 4 - 8 所示的桨叶状转子。

图 4 - 8　桨叶状测量探头

测定时和旋转圆筒粘度计一样，用桨叶状转子代替旋转粘度计的圆柱测量头，垂直插入物料中，在很低的定常转速下缓慢旋转，测定转轴上达到的最大扭矩峰值。

测最大扭矩的计算公式是将桨叶状测量探头视成圆柱体进行推导的，假定端面应力均匀一致，可得

$$T_{\max} = \frac{\pi D^3}{2}\left(\frac{H}{D} + \frac{1}{3}\right)\tau_y \qquad (4-7)$$

式中　$T_{\max}$ ——扭矩峰值;

　　　D ——桨叶直径;

　　　H ——桨叶高;

　　　τ_y ——屈服应力。

当桨的叶片数大于 3 时,$T_{\max}$ 相同,图 4-8 中为 3 叶 6 片的转子。长径比大于 2,端面误差效应影响很小。

采用桨叶法测定推进剂药浆屈服值,测试时用同轴圆筒粘度计,在定常低剪切速率下,测定剪切应力-时间谱。图 4-9 所示为推进剂药浆的屈服值测定结果,测定是在桨叶探头安装完毕,保温 2 min 后开始的,采用经研究确定的 0.1 s^{-1} 的定常低剪切速率,测定过程持续 30 s。

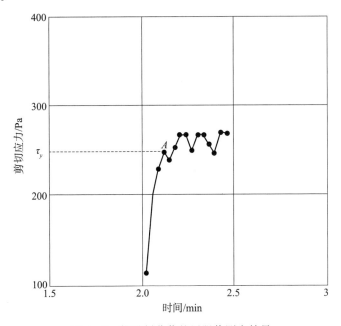

图 4-9　推进剂药浆的屈服值测定结果

从图 4-9 可见,在测试开始极短的时间内,剪切应力陡升,达到曲线第一个峰的 A 点,之后随时间推移又出现高低不等的多个峰。第一个峰 A 点前的曲线在极短的时间内几乎呈直线状陡升,可认为是药浆的弹性形变,它的大小取决于药浆内部各种结构的强度,它的形变持续时间取决于结构力程的大小。至 A 点,第一个结构开始被破坏,结构单元间开始流动形变,也就是屈服。因药浆内部有多种结构存在,各结构的强度也大小不一,从 A 点开始,最小强度的结构首先被破坏,然后依次是强度渐次增大的结构,所以 A 点以后会陆续出现高低不一的多个峰。这里规定曲线的第一个峰 A 点对应的剪切应力值为推进剂药浆的屈服值。

桨叶测量探头具有特殊的叶片结构,当它插入药浆时,对药浆测前结构的破坏极小,测得的屈服值可以反映药浆的真实性。桨叶法是一种对推进剂很实用的，可快速、简单地测定药浆屈服值的方法。

4.5.6 触变性

推进剂药浆静止时，内部存在的各种微结构可经相互作用连接起来形成药浆流体的准网络。当药浆受到剪切场作用时，这种结构网络因剪切作用而逐渐破坏，药浆发生流动。剪切场消失，破坏的结构一部分能很快恢复，一部分则不能及时恢复，药浆的这种结构随时间的恢复能力称为推进剂的触变性。推进剂药浆均有程度不同的触变性，这是由于药浆内部存在有妨碍流动的结构，有些结构又具有所谓的应变"记忆"，如填料粒子的堆积，粘合剂分子链的缠结及物理交联等。触变性体必定也是假塑性体。

触变性是剪切速率和剪切时间的函数，触变性的测定，可在定剪切速率下记录剪切应力或粘度随时间的变化，或在定程序时间下，剪切速率从小上升到一定大的值，然后以同样时间程序反向回复到起始剪切速率，记录上升和下降的流动曲线或粘度曲线，用上下两条曲线间的包络面积表示触变性[19]，包络面积小，表明受到剪切破坏后的药浆结构易恢复，触变性也可用某一定剪切速率下，两条曲线上的剪切应力差或表观粘度差来表征。图4-10所示为用流动曲线表征的推进剂药浆触变性包络线。

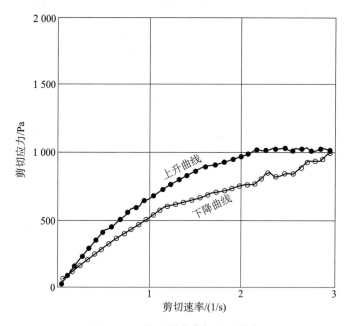

图 4 - 10　推进剂药浆触变包络线

药浆触变性表征的是药浆网络结构被破坏后的恢复特性，粘度表征的是药浆网络结构破坏的耗能特性，假塑性指数表征的是药浆网络结构破坏的程度，屈服值则是药浆网络结构首次破坏的耗能，可以说它们都是药浆的结构参数，只是反映药浆结构特性的方面不同而已。在推进剂研究工作中，人们对粘度、假塑性指数、屈服值比较熟悉也较常用到，而触变性虽有人提及，但应用较少。在以后推进剂的研究、生产中，若能很好地理解和应用这一药浆的流变参数，会有助于配方或工艺水平的提高。

4.5.7　残余应力

残余应力是表征药浆从流动到静止的流变参数。在进行推进剂的药浆流变性能测定时，以一很低的剪切速率对药浆进行恒切一定时间，然后剪切速率突降至 0，记录此时的应力衰减信号，对应的应力值即为残余应力。

图 4 - 11 所示为药浆残余应力测定图，当恒切一段时间后突然除去剪切速率，此时应力突然衰减至 A 点，找出 A 点在纵坐标上的对应值，该值即是残余应力值。

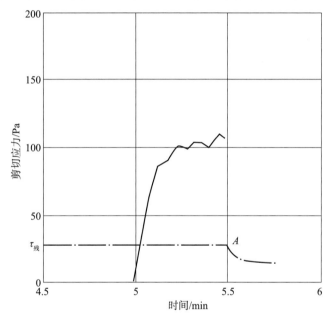

图 4 - 11　药浆残余应力测定

药浆的残余应力用同轴圆筒旋转粘度计测定，测量探头为桨叶状转子。因药浆是多相、高浓悬浮的假塑性流体，低剪切速率下恒定剪切时，随时间增加会呈现多重屈服态，响应的切应力值不能达到平衡，所以规定恒定剪切一段确定的时间，图 4 - 11 中的恒定剪切时间为 30 s。

药浆是粘弹性流体，当受到恒定剪切流动形变时响应的剪切应力一部分变成小形变流动元的弹性贮能，如大分子链段的伸展、流动元间"桥"接的力如极性力、氢键力、色散力等力程的"绷紧"，另一部分则变成流动元间的相对位移，发生流动形变时的摩擦耗能。

当剪切突然停止，剪切速率陡降至 0，流动的大形变也突然停止，流动元间的摩擦耗能也即为零，此时记录下的响应应力应由以下两种力组成，一种是大分子伸展链段的弹性回复力，该过程恢复较慢，不能瞬时完成，另一种是流动元间各种"桥"接的重组力，被流动破坏的"桥"接，当形变突然停止时，若此时可形成"桥"接的两个流动元之间的距离小于或等于"桥"接的力程距离，则可瞬时完成力对间新的"桥"接重组。高燃速推进剂中有大量的细粒度氧化剂，NEPE 推进剂中则加有大剂量的极性增塑剂，这类推进剂药浆极易流动，经流动破坏后的力对又可迅速重组，所以在浇注时药条呈既粘又长的特征。

　　药浆残余应力是推进剂药浆结构中弹性回复力和重组力的总称，表征了药浆由流动到静止的流变特征，可以作为表征流平的流变参数。残余应力也是推进剂药浆的结构参数，不同的推进剂，流动元的大小、结构、性能有很大的差异，根据残余应力反映的药浆结构"指纹"，可以用于推进剂配方设计，及对工艺性能的改进和调整。

4.5.8　时间效应

　　推进剂药浆是热固性材料，其流变特性随时间的变化而变化。推进剂药浆的成型工艺需在规定的时限内完成，所以需要知道药浆流变特性随时间的变化规律。一般在药浆混合完毕或混合期间固化剂加入完毕时开始计时。

　　药浆屈服值、流动曲线、粘度曲线和触变包络线随出料后时间的变化分别如图 4-12～图 4-15 所示。

　　由图 4-12 可见，药浆屈服值随出料时间增加而增大。图 4-13 表明流动曲线随出料后时间增加，呈向上和向左移动，表现为假塑性流动的剪切速率范围缩小，出现流动畸变对应的剪切速率变小。

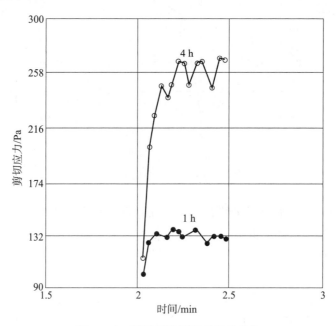

图 4-12　药浆屈服值随时间的变化

　　图 4-14 所示的粘度曲线表示，粘度随出料后时间增加而升高。由图 4-15 可见，表征触变性的包络线面积随出料后时间增加而变大。以上结果可以解释为，由于出料后时间的增加，固化反应不断进行，使药浆中连续相分子不断增长和交联，增加了阻碍药浆流动形变的结构阻力所致。

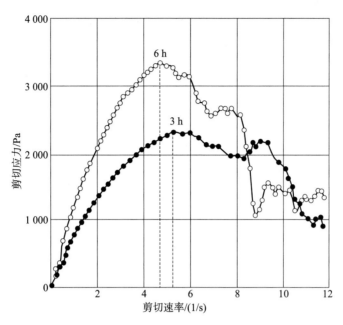

图 4-13　药浆流动曲线随时间的变化

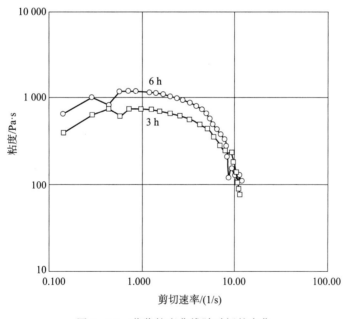

图 4-14　药浆粘度曲线随时间的变化

4.5.9　温度效应

对于具有热固性特征的推进剂药浆，当温度升高时，一方面可使药浆连续相高分子链段运动的动能增加，降低粘度，增加流动性；另一方面，加快了药浆的固化反应速度，使

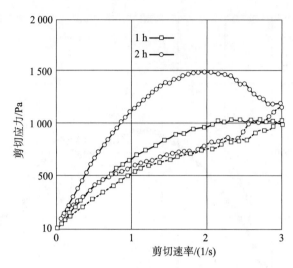

图 4-15 药浆触变包络线随时间的变化

连续相分子迅速扩链,分子量增大,或形成交联结构,阻碍药浆流动,导致粘度升高。所以,不同温度下药浆的流变特性,主要看上述两种对流变性截然相反作用的影响程度,哪个起主要作用,然后综合平衡后确定。

图 4-16~图 4-19 分别是在 50 ℃和 60 ℃,出料药浆的屈服值、流动曲线、粘度曲线和触变破坏包络线。

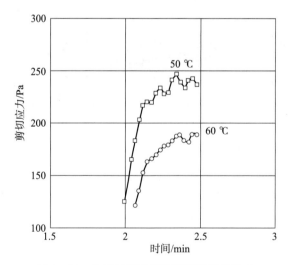

图 4-16 温度对药浆屈服值测定谱的影响

从图 4-16 可见,当温度升高时屈服值降低。图 4-17 表明温度升高流动曲线向下移动,即达到相同剪切速率所需的剪切应力变小,或施加相同的剪切应力可得到较大的剪切速率。其次可见,温度升高,出现流动畸变点的临界剪切速率变大,表现为假塑性特征的剪切速率范围变宽。

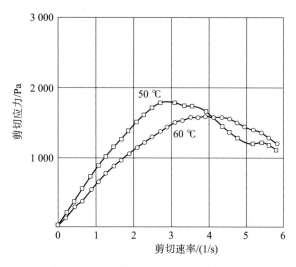

图 4-17　温度对药浆流动曲线的影响

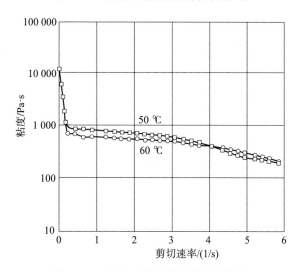

图 4-18　温度对药浆粘度曲线的影响

由图 4-18 和图 4-19 可见，温度升高，相应的粘度降低，触变破坏的包络线面积变小。若用 S 表示触变破坏的包络线面积，则图 4-19 中的 $S_{50℃}$ 为 $3.511×10^3$ Pa/s，而 $S_{60℃}$ 为 $2.069×10^3$ Pa/s，约为 50 ℃下面积的 60%。从以上各图可见，温度对药浆的流变特性有显著影响，具体影响多大要随不同配方、不同温度和加入固化剂后的不同时间而异。

温度对药浆粘流特性的影响也可用流动活化能表示，温度对粘度的影响可表示为

$$\eta_a = A_e E_a / RT \tag{4-8}$$

式中　　η_a——药浆表观粘度；

　　　　E_a——药浆表观粘流活化能；

　　　　R——气体常数；

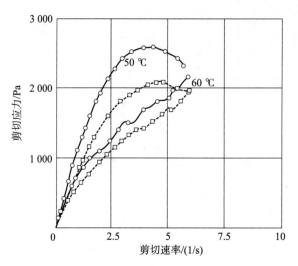

图 4 - 19　温度对药浆触变破坏包络线的影响

T ——药浆温度；

A ——指前因子。

表观粘度可取定剪切速率或定剪切应力下的值。对于实验推进剂出料药浆，在 $1\ s^{-1}$ 剪切速率和 200 Pa、300 Pa 和 380 Pa 三个不同剪切应力下，分别测定不同温度下的粘度，然后用式（4-8）进行归一化处理，计算出各自的活化能，结果见表 4-1。

表 4-1　药浆粘流活化能

序号	E_a /(kJ/mol)			
	$\dot{\gamma}=1\ s^{-1}$	$\tau=200\ Pa$	$\tau=300\ Pa$	$\tau=380\ Pa$
1	32.6	37.7	39.3	—
2	32.6	—	34.7	38.5

表 4-1 显示，在定剪切速率和定剪切应力下所得推进剂表观粘度的粘流活化能数值不尽相同，所以推进剂药浆的粘流活化能只有表观的意义，称为表观粘流活化能。

4.5.10　粘弹性

推进剂药浆是高固体含量并且具有热固性特征的复合材料流体。人们大多用剪切条件下测定的反映宏观流动特性的流变参数来评估加工性能[5,12]。粘弹性是复合材料宏观流动特性的本征特性，具有各种细观结构的指纹信号[13]。测定推进剂药浆的粘弹性对认识、调节和改善推进剂的工艺性能和力学性能有很好的指导作用。

用平行板流变仪测定药浆的粘弹性时，将药浆样品置于两平行板间。测定的粘弹性参数有：复合模量 $G^*=G'+iG''$，贮能模量 $G'=G^*\cos\delta$，损耗模量 $G''=G^*\sin\delta$，损耗角正切 $\tan\delta=G'/G''$，复合粘度 $\eta^*=G^*/\omega$，其中 δ 为滞后角（损耗角），单位为 rad，ω 为角速度，$\omega=2\pi f$，单位为 rad/s。

图 4-20 所示为 HTPB/IPDI 推进剂药浆复合粘度、复合模量和损耗角正切的频率谱。由图可以看出，低频下的复合粘度和复合模量较小，随频率增加其值逐步增加，但复合粘度增加较小，曲线呈平缓状，损耗角正切在不同频率下有多个峰值。

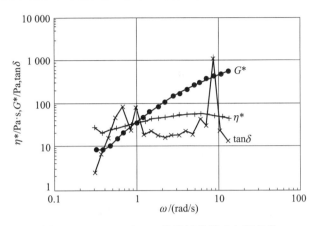

图 4-20　HTPB/IPDI 推进剂药浆动态频率谱

图 4-20 表明，推进剂药浆是一种粘弹性流体，粘性和弹性随频率增加均会呈增大趋势。从细观结构分析，由于推进剂药浆中的流动元存在多种类型的结构[13]，每种结构又存在尺寸分布和强度分布，它们具有各自的特征松弛时间，此外药浆各流动元之间主要是非化学键性质的作用，相互间距离越远作用越弱，也就是药浆流体结构尺寸越大，结构强度越小。所以低频下反映的是大尺寸、低强度流体结构单元的特性，此时它的损耗模量和贮能模量较小。

图 4-21 所示为 HTPB/IPDI 推进剂药浆损耗模量和贮能模量的频率谱。图中表明，随频率增加损耗模量呈连续增加趋势，在整个测试频率范围内，相同频率下的损耗模量的值均远大于贮能模量。贮能模量在低频下有一下降段，其后随频率增加呈增加趋势，在增加过程中，不同的频率下有多个衰减峰，这是由于测定的是可流动的推进剂药浆，此时还远未达到推进剂的固化凝胶点，显然流体结构元间可发生相对位移，此阶段主要反映的是粘性的流动形变特征，所以表示流动耗能的损耗模量均要大于相同频率下对应的贮能模量，幅度高约 1 个数量级左右。图 4-21 中贮能模量在低频下第一个衰减峰初始段出现的下降是由于对药浆施加的振荡外力，这首先破坏了药浆中强度最低的流动元间的结构网络并使药浆开始流动，并且与稳态剪切时的药浆屈服相对应，显然它正是药浆发生流动屈服的结构原因。在这之后随频率增加贮能模量也呈增加趋势，但在不同频率下有数个衰减峰，这说明药浆中存在有多重流体结构，随频率的增加，这些结构按强度由小到大的顺序将依次被破坏。

图 4-22 是 HTPB/IPDI 推进剂药浆贮能模量和损耗角正切的频率谱。由图 4-22 可见，贮能模量衰减峰与损耗角正切的峰相互对应，表明推进剂药浆的损耗角正切峰是药浆中的弹性结构在一定频率下破坏所致，峰的位置和强弱反映的是各种结构对应的指纹信号。

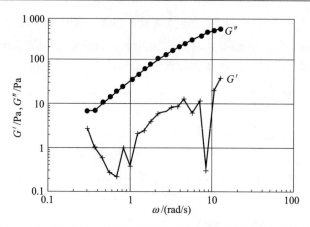

图 4 - 21　HTPB/IPDI 推进剂药浆贮能模量和损耗模量频率谱

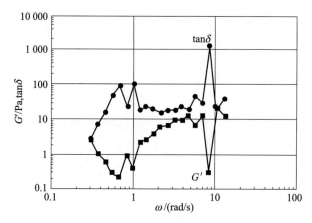

图 4 - 22　HTPB/IPDI 推进剂药浆贮能模量和损耗角正切频率谱

　　表 4 - 2 是用复合粘度和复合模量表示的 HTPB/TDI 固化反应对药浆粘弹性的影响。由表中数据可见，复合粘度和复合模量随出料后时间的增加均呈指数上升关系，两者在相同频率下的指数值也相当。在相同的混合毕后时间，随频率增加复合粘度和复合模量也随着变大。相较之下，复合模量随频率增加的变化幅度更大，其他配方条件和推进剂品种也具有相似规律。显然，这种规律是由推进剂固化的粘合剂扩链和交联反应所致。

表 4 - 2　HTPB/TDI 推进剂药浆复合粘度、复合模量随时间的变化

项目		η^* /Pa·s		G^* /Pa	
		1 rad/s	10 rad/s	1 rad/s	10 rad/s
混合毕后时间 t /h	1.5	28.6	37.7	28.9	396.0
	2.5	47.3	62.6	47.8	657.0
	4.3	70.6	99.0	71.3	1 040.0
	7.5	190.0	228.0	192.7	2 390.0
模型		$19.7e^{0.303t}$	$27.4e^{0.288t}$	$19.9e^{0.303t}$	$288.3e^{0.287t}$
R		0.994	0.992	0.994	0.992

　　HTPB、CTPB 粘合剂都是聚丁二烯骨架,但它们的端基不同,固化体系也就不同,导致推进剂固化网络的硬段结构和分子间作用也不一样。显然,推进剂粘合剂骨架的柔韧性、规整性及它的端基类型等会对推进剂药浆粘弹性产生明显的影响。

　　图 4-23、图 4-24 分别示出了 HTPB/TDI、CTPB 和聚醚(JM)推进剂药浆的复合模量和复合粘度的频率谱。图 4-23 中不同品种推进剂药浆复合模量均随频率增加而呈上升趋势,但 HTPB/TDI、CTPB 药浆分别呈向上弯曲和向下弯曲状的非线性变化关系,而聚醚药浆则呈向上的线性变化。

　　由图 4-24 可以看出,推进剂品种不同,其复合粘度随频率的变化关系也不相同。其中,HTPB/TDI 推进剂低频下复合粘度高,曲线呈上凹状,CTPB 推进剂的复合粘度和图 4-20 中 HTPB/IPDI 药浆的复合粘度相似,曲线呈下弯状;聚醚推进剂药浆则呈线性下降趋势。

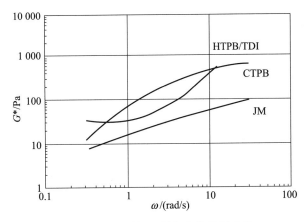

图 4-23　不同推进剂复合模量频率谱

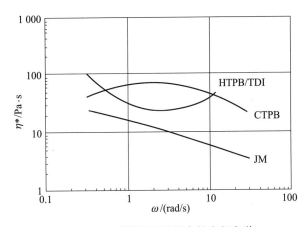

图 4-24　不同推进剂复合粘度频率谱

4.6 小结

推进剂流变学中很重要的内容是研究推进剂药浆的流变特性，它是以流变学的基本理论为依据，结合推进剂以聚合物大分子作粘合剂、高填量、热固性的特征，研究推进剂药浆的流体类型、特性、变化规律及影响因素。

流变特性的描述有很多种，推进剂药浆流变特性的测定和选择一方面要能反映推进剂的组成和结构特征，另一方面要能对推进剂工艺性能的整个流动过程进行描述，这个过程应包括药浆静止→流动→静止全过程的流动状态。

在推进剂加工过程中，根据不同阶段和过程的需要可选择相应的流变参数和测定手段。药浆工艺的开始是静止→流动过程，可用各种表征和测定的屈服值。药浆的流动过程用流动曲线、粘度、剪切速率指数、适用期、触变性、流动活化能等来表征。药浆浇注结束后，是一个流动→静止的过程，本书提出了用残余应力作流变参数来描述，以及残余应力的测定方法。

推进剂组成特征和药浆结构，可用动态测定的流变参数表征，当然也可用稳态测定的流动过程中具有结构指纹信息的流变参数。

推进剂药浆是一种以聚合物熔体为连续相，固体颗粒填料为分散相，具有易燃、易爆和毒性的一种特殊流体。推进剂之所以要制成浆状流体，是为了满足推进剂流动浇注成型的需要，所以推进剂药浆要有满足成型工艺的各种流变性能。

推进剂药浆内部存在有固体与固体、液体与液体、固体与液体之间的多重微细结构和各种物理、化学作用，这些结构和作用决定药浆一般具有非牛顿型的假塑性特征，药浆是一种粘弹性流体。

药浆稳态流变性能通常是使用同轴圆筒粘度计在剪切条件下进行测定。测定的流变参数和粘度表征的是药浆结构破坏、流动元间相对位移的耗能特性。假塑性指数表征的是药浆结构破坏程度，屈服值则是药浆结构首次破坏的耗能，触变性表征的是药浆结构破坏后随时间的恢复特性。这里的药浆结构不仅指的是推进剂粘合剂的网络结构，也可能是流动元间的一些临时性作用结构，有时称物理网络。可以说表征它们的流变参数都是药浆的结构参数，反映的是药浆宏观流动各阶段的特征。这些参数可用于评估推进剂的加工性能，也可用于对加工的过程进行质量控制或追溯各自的结构原因。

用小幅振荡的动态流变仪测定动态粘弹性参数，这些参数既可描述药浆的流动形变，还可反映组成药浆的微细结构。这些参数主要用于配方设计、制定和调整制药工艺，从而使人们从组成药浆结构的本质上考虑来改善和控制药浆的工艺性能。

对推进剂药浆进行流变测试时尤其要注意其具有高固体填料和热固性两大特点。同轴圆筒粘度计的内外圆筒间隙大小的选择如下，为了能测更宽的粘度范围，间隙要小些，而要使测试药浆处于稳定的层流状态，就要避免最大颗粒填料对流线的干扰，此时间隙就要足够的大，所以筒间间隙的选择要考虑所需的粘度测试范围和药浆中加入最大颗粒的尺寸。同样道理，在进行粘弹性测试时，平行板粘度计两板间的间隙设计也要考虑药浆配方设计中加入的填料组分最大粒径因素。流变测试时的注装试样要尽量减少破坏试样的结构。对于测试时间程序的设计，测前的筒中保温时间，则要注意装样后的料浆状态的恢复时间和测温下固化反应对所测流变参数影响的可允许时间。

复合固体推进剂的使用功能决定了其既要具有高的能量，又要具有力学、燃烧、贮存等各种使用性能，所以推进剂需要选择各种易燃、易爆的含能组分和一些可能具有毒性的特种组分。因此，推进剂药浆是一种易燃、易爆，有时又有很大毒性的流体。这使得在推进剂药浆的制备处理和流变测试时有别于一般流体，安全操作和通风防护等是需要特别注意的。

参 考 文 献

［1］ H A 巴勒斯，J H 赫顿，K 瓦尔特斯．流变学导引［M］．吴大诚，古大治，等译．北京：中国石化出版社，1992：5-8.

［2］ 王振东．诗情画意谈力学［M］．北京：高等教育出版社，2008：182-191.

［3］ 中国科学技术大学高分子物理教研室．高聚物的结构与性能［M］．北京：科学出版社，1981.

［4］ 杨挺青．粘弹性力学［M］．武汉：华中理工大学出版社，1990.

［5］ 唐汉祥．推进剂药浆流变特性研究［J］．固体火箭技术，1994，17（3）：19-25.

［6］ GEBHARD SCHRAMM．实用流变测量学修订版［M］．朱怀江，译．北京：石油工业出版社，2009.

［7］ ROSEN M R. The characteristics of non-Newtonian fluid. Polym. -plas. Tech. -Eng.，1979，12（1）：1-42.

［8］ 梁瑞凤．实验与应用流变学讲习班讲义．北京：中国科学院化学研究所，1997.

［9］ G P SUTTON，D M ROSS. Rocket Propulsion Elements［M］. 4th ed，1976.

［10］ 杨可喜，陶泽铭，王国娟．复合固体推进剂药浆粘度的预估［J］．推进技术，1985，6（4）：19-23.

［11］ J K CHEN，J S HSU. 预测 AP/HTPB 推进剂药浆粘度的经验模型［J］．王光天，译．固体火箭技术，1987，10（1）：43-51.

［12］ KLAGER K，ROGERS C L，SMITH P L. Rheology of composite solid propellants during motor casting［C］. Proceedings of International Annual Meeting，9th ICT，1978，14-28.

［13］ 唐汉祥．推进剂药浆粘弹特性研究［J］．推进技术，1998，19（4）：95-99.

［14］ A I LEONOV. On the rheology of filled polymer［J］. Journal of Rheology，1990，34（7）：1039-1068.

［15］ Q D NGUYEN，D V BOGER. Yield Stress Measurement for Concentrated Suspensions［J］. Journal of Rheology，1983，27（4）：321-349.

［16］ N PASHIAS，D V BOGER，J SUMMERS，et al. A fifty cent rheometer for yield stress measurement［J］. Journal of Rheology，1996，40（6）：1179-1189.

［17］ E A COLLINS，C H CHEN，J P PADOLEWSKI. The effect of shear on the yield stress and relationship to the viscoelastic nature of a thixotropic sealant［J］. Journal of Rheology，1992，36（1）：131-141.

［18］ Q D NGUYEN，D V BOGER. Direct Yield Stress Measurement with the Vane Method［J］. Journal of Rheology，1985，29（3）：335-347.

［19］ R R MILLER，E LEE，R L POWELL. Rheology of solid propellant dispersions［J］. Journal of Rheology，1991，35（5）：901-920.

第5章 工艺性能

5.1 概述

推进剂从配方研制到最终制成药柱的过程实际是推进剂流体的设计、配制和成型的过程。流体流变性的研究、测试贯穿于推进剂从研制到生产的全过程。根据以往实践，每个配方研制的 65%～75% 的工作量要涉及工艺性能。新型配方研制伊始，首要的是工艺性能可行，才能制成用于进行推进剂各项性能研究的样品。成熟配方的推进剂要装出高质量的药柱，也需要对工艺性能进行控制和随时调整。所以，在推进剂研制生产的各个环节，都必须考虑推进剂的工艺可行性，工艺性能是推进剂的关键性能之一。

推进剂工艺性能，一般是指推进剂浇注成型的工艺性能。浇注是推进剂固体药柱的一种成型工艺，将混合完毕的推进剂药浆经浇注设备注入发动机壳体或模具，然后固化形成具有特定形状的固体药柱，制成结构均匀、致密、无气孔等瑕疵的固体火箭发动机。推进剂浇注有灌注、底部抽注和真空浇注等多种方法[1]。其中真空浇注由于能有效除去推进剂药浆中混入的空气，能制成致密均匀的高质量药柱而常为人们所采用。它是将置于浇注漏斗中的推进剂药浆，经插管或布有喷孔的花板，注入置于真空环境下的发动机壳体或模具，然后流动注满壳体及芯模的各个部分，最后固化形成推进剂药柱和样品。

推进剂的工艺指标主要包括流动性、流平性和适用期。流动性是指推进剂能否顺利流动浇入发动机壳体或模具，有时也称为可浇性；流平性是指浇入后的推进剂，能否顺利流动、淌平、充满发动机壳体或模具的各个空间；适用期是指推进剂究竟有多长时间能满足流动的可浇性和流平性。适用期有时也称为使用期，流动性、流平性和适用期是推进剂生产的三个重要工艺指标[2]。

推进剂生产部门根据发动机装药量和装药工艺，确定一锅还是多锅混合制药；采用的浇注工艺工装，是喷淋还是插管，孔/管的直径、数量；浇注一锅及浇注一个发动机拟定的时间，每个喷孔和插管需要达到的下料流率，对推进剂提出需要满足的可浇性、流平性及适用期的要求。推进剂装药的流动性、流平性是推进剂流变性的宏观表现，工艺性能由推进剂药浆的流变性决定[3-4]。推进剂工艺性能要解决两个问题，一个是选择表征推进剂工艺性能的流变参数。与装药有关的推进剂流变参数主要有药浆的流体本性，表观粘度，屈服值，以及它们随时间、温度的变化规律。另一个是推进剂工艺性能的流动、流平和适用期的判据[5]，即推进剂药浆流动性、流平性和适用期相对应的流变参数要达到什么样的标准，才能满足推进剂的装药需要。

5.2 可浇性

推进剂的可浇性是指在规定的浇注设备和工艺条件下，制成的药浆能否按设计下料流率浇入发动机，这是一个推进剂的流动问题。要做到这一点，首先要对推进剂浇注过程进行分析，在此基础上，选择确定与可浇性对应的流变参数，然后依据具体推进剂药浆的流变特征以及采用的浇注设备和工艺要求，确定其可浇性的药浆流变性标准，即可浇性判据。

5.2.1 浇注过程分析

推进剂最常用的是真空浇注，真空喷淋浇注的过程为：将药浆置于料斗中，料斗下方通过控制阀和一定长度的导引管与具有一定孔径和厚度的花板相连，并置于真空环境中。推进剂在外界气压和真空罐的余压间压差的驱动下，按一定流率，经喷孔直接注入发动机或注入第二个料斗中，根据推进剂的流变性经插管自由注入发动机或加压注入发动机。小型真空浇注余压一般小于 400 Pa，大型浇注在 1 066 Pa 左右。不计海拔高度差对大气压的影响，可视推进剂是在近一个大气压差的驱动下进行浇注，也就是说，推进剂是在相对高的剪切应力下，按一定的速率流动通过喷孔和插管，用单位时间内推进剂流过每孔的流率作浇注速度。所以浇注过程的特点是推进剂在较高剪切应力和一定剪切速率下的流动，浇注的指标是由下料流率表示的浇注速度。

5.2.2 浇注剪切速率

浇注速度的下料流率与剪切速率相关，所以需要知道各种工艺方法和设备在浇注时的剪切速率范围。目前使用最普遍的是真空喷淋浇注和插管浇注两种方法，它们的剪切速率估算如下。

真空喷淋浇注的喷孔一般为圆形或条形，条形可经水力半径公式计算，变换成当量圆。花板有一定厚度，故可将花板喷孔视为一个细管。浇注时推进剂通过花板喷孔或插管可视为流体通过细管的流动，据此估算剪切速率，计算时且做如下假定：

1）浇注期间，推进剂流速均匀；

2）有多个喷孔的花板和多个插管的浇注工装，任一时间间隔内流经每个喷孔或插管的推进剂量相等，即每孔/管中的流速相等；

3）推进剂在花板孔中或插管中是稳态层流；

4）喷孔和插管视为细管，借用毛细管中流体运动方程，计算剪切速率参数；

5）下料流率取决于管壁剪切速率。

圆形横截面的毛细管管壁的剪切速率为

$$\dot{\gamma}_w = \frac{4Q}{\pi R^3} \qquad (5-1)$$

式中　$\dot{\gamma}_w$ ——管壁处的剪切速率（s^{-1}）；

Q ——体积流率（cm^3/s）；

R ——毛细管半径（cm）。

若采用条形喷孔工装，则条形喷孔的孔壁处的剪切速率为

$$\dot{\gamma}_w = \frac{6Q}{Lh^2} \tag{5-2}$$

式中　L ——条形孔的长（cm）；

h ——条形孔的宽（cm）。

可见，管壁处的剪切速率与管径和下料流率有关。

表 5-1 为采用真空喷淋或插管浇注法，在多种喷孔、管径和各种可能的下料流率条件下估算的管壁处的剪切速率。

表 5-1　真空喷淋/插管浇注的剪切速率估算

喷孔或插管 ϕ/mm	流率 Q/(cm³/min·孔)	管壁处的剪切速率/s⁻¹
3	0.031	11.7
	0.020	7.5
4	0.056	8.9
	0.037	5.9
45	21.6	3.4
65	16.2	0.6
	13.5	0.5
155	129.6	0.4
	108.0	0.3

由表 5-1 可见，采用不同的喷孔或插管孔径，在不同的下料流率下剪切速率各不相同，剪切速率范围在零点几 s^{-1} 到十几 s^{-1} 间。

5.2.3　浇注与流变性

推进剂药浆是一种具有高固体含量悬浮液和热固性特征的特种流体，浇注时的流动状态会和药浆的哪个流变参数相对应，只有在对药浆流变性有着充分认识的基础上，才能选择表征可浇性的流变参数。与浇注有关的药浆流变性，主要是药浆的流体本性、粘度以及它们随时间、温度以及测试条件的变化规律。要认识药浆的流变特性，首先要考察流动曲线特征。

以丁羟推进剂为例，图 5-1 是 HTPB 推进剂流动曲线与出料后时间的关系。由图 5-1 可见，流动曲线在一定剪切速率范围内能稳定测量，随出料后时间增加，能稳定测量的剪切速率范围越来越小。对于不同的推进剂品种或同种推进剂的不同配方设计，能稳定测量的剪切速率范围各不相同，一般固体含量低或细粒度氧化剂多的推进剂，能稳定测量的剪切速率范围相对要宽。

这是由于推进剂药浆属于颗粒填充的二相流体，其中粘合剂系统为连续相，固体填料

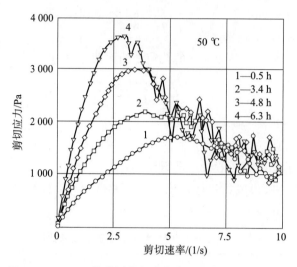

图 5-1　HTPB 推进剂的流动曲线与出料后时间的关系

颗粒为分散相。当剪切速率低时，流动的二相之间有均匀的动量传递，表现为流动曲线的稳定测量。当剪切速率增大到一定值后，二相的运动不再同步，出现分离，流动发生畸变，这时已非稳定测量。高燃速推进剂一般采用大量的小颗粒氧化剂，固体含量也相对较低，固相流动只需要较小的能量，故流动曲线能在较大的剪切速率范围内稳定测量。另外随出料后时间增加，由于固化反应的进行，使得附聚于填料颗粒表面的大分子不断增大，在一定的时间范围内，又未能形成整体网络，尚能流动，但增加了固相流的困难，使流动曲线能稳定测量的上限剪切速率变小。

推进剂药浆是热固性物料，随时间增加，流动性逐渐变差。大型发动机一般是多锅混合制药，连续浇注，二锅之间只有有限的时间间隔。所以浇注都有时间规定，要求在规定的时间内，浇下规定的药量，适用期通常选择为 6 小时[1]。为了监察适用期内的药浆流动状态，推进剂流变性的测量一般也要持续 6 小时以上，选择表征浇注特性的流变参数，要在推进剂药浆适用期内，且必须可稳定测量。

由图 5-1 可见，在出料后的 6 小时以内，所有流动曲线能稳定测量的剪切速率上限在 $2.5 \ s^{-1}$ 以内，其他大部分推进剂药浆也是如此。目前对所用浇注工装的浇注剪切速率估算范围在零点几 s^{-1} 到十几 s^{-1}，可以说与推进剂能稳定测量的剪切速率上限（$2.5 \ s^{-1}$）几乎在同一数量级，浇注相对应的流变参数可在小于等于 $2.5 \ s^{-1}$ 剪切速率范围内的流变特性中进行选择。如在较高的剪切速率下浇注，推进剂已发生流动畸变，推进剂通过浇注孔或管时，已不是稳定的剪切层流而是在孔或管壁滑动成柱塞流，这时已无稳定可测的流变参数。

对从初始稳定测量点到 $2.5 \ s^{-1}$ 间的流动曲线进行幂律模型拟合，求得剪切速率指数，根据剪切速率指数的大小，就可知道在该剪切速率范围内药浆的流体本性属于何种流体。图 5-2 是几种不同推进剂出料后不同时间的剪切速率指数结果。由图 5-2 可见，推进剂剪切速率指数 n 均小于 1，说明在 $2.5 \ s^{-1}$ 以内的剪切速率范围内，这些推进剂药浆为假塑性的非牛顿流体，这时的剪切速率指数习惯常称假塑性指数。HTPB 推进剂的假塑性指数 n 比 NEPE 的大，固体含量低的比固体含量高的大。随出料后时间增加，假塑性指数 n 的值一般逐渐变小。

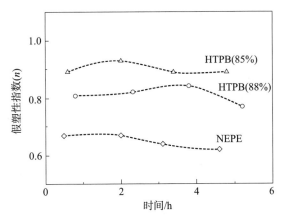

图 5-2　推进剂药浆的剪切速率指数

　　假塑性体的推进剂药浆，呈剪切稀化。随剪切应力或剪切速率增加，药浆粘度会明显变小，这一特征对设计和控制浇注工艺参数很有意义，若浇注困难时，可对浇注药浆适当加压，增大作用于药浆的剪切应力或剪切速率，即可实现顺利浇注。所以，判断推进剂的工艺性能一般先要确定它的流体本性，希望 n 值更接近 1，在适用期内变化要较小。

　　推进剂药浆的假塑性指数的值及其适用的剪切速率范围随配方体系不同而异。特殊的推进剂配方，如高含量的细氧化剂体系，有时可能会呈胀流体的流动特征，假塑性指数 n 会大于 1，但比较少见。假塑性指数反映的是推进剂药浆内的结构状态，是药浆的一种结构参数。n 值的变化也预示了药浆内部的结构变化，这点可为控制和调节推进剂的工艺性能提供认识途径。

5.2.4　可浇性参数

　　推进剂的浇注过程是药浆的流动过程，药浆的流动性与粘度密切相关，可浇性参数可以选择具有某种含义的粘度来表征。

　　推进剂药浆是非牛顿流体，药浆的粘度只是具有表观意义的表观粘度，而且粘度与剪切速率的关系符合幂律模型。从图 5-1 可知，推进剂出料后 6 小时以内，$1\ \mathrm{s^{-1}}$ 剪切速率下的表观粘度 η_a^1 具有可测性。由图 5-2 可见，一般推进剂是非牛顿性的假塑性体，剪切速率指数 n 小于 1，不同配方之间或同一配方的不同条件下，n 值有时也会有较大的差异。由于要对不同的推进剂药浆以及推进剂药浆在混合出料后的不同时间进行可浇性判断，当剪切速率 $\dot{\gamma}$ 取 $1\ \mathrm{s^{-1}}$ 时，幂律模型中 $\dot{\gamma}$ 的任何次方的值都将等于 1，这时模型中的表观粘度值和剪切应力值相等，此时 η_a^1 与假塑性指数 n 的大小无关。这样，尽管假塑性指数 n 各不相同，$1\ \mathrm{s^{-1}}$ 下的表观粘度 η_a^1，在药浆适用期内的不同时间之间和不同推进剂之间具有普适的可比性。因为推进剂药浆的表观粘度 η_a^1 具有简洁性、可比性，且测试粘度的约束条件为 1 s^{-1} 的剪切速率，与估算的大部分浇注剪切速率范围在同一数量级，与实际的推进剂浇注情况有合理的对应性，所以选择表观粘度 η_a^1 作为表征推进剂可浇性的参数。

推进剂可浇性的判别标准是满足设计的浇注工艺参数要求的药浆下料流率，可用每分孔下料重量流率或每分孔下料体积流率表示。要确定可浇性判据，需找出各种条件下的推进剂药浆表观粘度 η_a^1 与浇注下料流率的关系。

药浆出料后的时间不同，粘度将随之变化，将混合完毕的推进剂在浇注温度下保温放置，在出料后的不同时间取样，测定粘度，同时用 $\phi3$ 喷孔花板进行真空喷淋浇注，测定药浆的下料流率。表 5-2 列出了测定的四种典型 HTPB 配方推进剂药浆的 η_a^1 和 Q。将结果绘于图 5-3，用于展示表观粘度与每分孔重量下料流率间的关系。

表 5-2　η_a^1 与下料流率的实验结果

特点	编号	η_a^1 /(kPa·s)	Q（g/min·孔）
HTPB/TDI	R2	0.844	3.92
		1.202	3.50
		1.702	3.12
		2.485	2.15
	R6	1.170	2.20
		2.267	1.01
		3.145	0.63
	R5	1.323	2.21
		2.382	1.17
HTPB/IPDI	R3	0.744	3.58
		0.842	3.52
		0.938	3.46
		1.178	2.33
		1.328	2.34
		1.918	1.20
	R7	0.818	4.28
		2.474	1.64
		2.711	1.34
HTPB/TDI 高燃速	R4	2.182	1.32
		3.289	0.76
HTPB/IPDI 高燃速	R8	1.911	1.68

从表 5-2 和图 5-3 可见，表观粘度 η_a^1 增加，下料流率 Q 变小。将表观粘度与下料流率间的关系进行回归处理可得直线方程（5-3），回归方程显著性检验的方差分析见表 5-3。

$$\eta_a^1 = 3.15 - 0.62Q \quad (R^2 = -0.871, n = 21) \qquad (5-3)$$

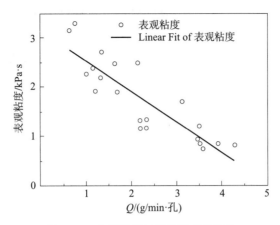

图 5 - 3　表观粘度与下料流率的关系

表 5 - 3　回归方差的分析结果

来源	平方和	自由度	均方根	F 比	显著性
回归	9.654	1	9.654		$\alpha = 0.01$
剩余	3.066	19	0.161	59.81	$F_{0.01}(1.19) = 8.18$
总计	12.72	20	—		

表 5 - 3 的方差分析表明，回归方程的 α 值为 0.01，具有高度显著性。表明下料流率 Q 与 $1\ s^{-1}$ 剪切速率下的表观粘度 η_a^1 有良好的线性相关关系，所以选择表观粘度 η_a^1 作为表征推进剂可浇性的参数在实践上也是合理的。

5.2.5　可浇性判据

以 $1\ s^{-1}$ 剪切速率下的表观粘度 η_a^1 表征浇注性能进行可浇性判定。首先要确定可浇性的标准。再在标准的指导下，判断在规定的浇注设备下可浇注的粘度要求，或在已有推进剂的药浆粘度下，考虑如何设计真空浇注的花板/插管的孔/管径及其数量，才能达到规定的设计下料流率。具体计算方法以如下示例予以说明。

选用 1 L 混合机制备的推进剂药浆，采取真空喷淋浇注方法来确定可浇性的标准。真空浇注用 $\phi 3 \times 9$ 的喷淋花板，正常浇注需要的时间为 30～45 min，取 45 min 为浇注最大可允许时限。由于工艺损耗，浇入量要少于设计投料量。经称量固化后推进剂的净重，统计确定 1 L 混合规模的实际浇注推进剂量。

表 5 - 4 是 1 L 混合规模的实际浇注推进剂量。表 5 - 4 显示，经过 1 L 混合后的浇注工艺后，推进剂损耗约 100 g。以 1 000 g 设计投料，在 45 min 内用 $\phi 3 \times 9$ 喷淋花板浇注 900 g，得可浇性的下料流率要求为 2.2 g/min·孔。

将下料流率 2.2 g/min·孔作为可浇下限标准，通过式（5-3）或图 5-3 可得到 η_a^1 值，即为预估可浇性的粘度标准。得 $\phi 3$ 花板的喷淋浇注下料流率为 2.2 g/min·孔的可浇性的粘度判据，其值为 $1\ s^{-1}$ 剪切速率下的表观粘度 η_a^1 小于 1.8 kPa·s。

表 5 - 4 1 L 混合规模的浇注药量统计结果

投料量/g	推进剂重/g
1 200	1 090
	1 025
	1 105
	1 090
1 100	980
	980
1 000	900

根据概率统计，可以估算一定可靠度下，可浇性粘度判据的粘度波动范围 δ 为

$$\delta = \sqrt{F_a(1 \cdot N - 1)\sigma^2 \left[1 + \frac{1}{N} + \frac{(Q - \overline{Q})^2}{\sum\limits_{i=1}^{} (Q_i - \overline{Q})^2}\right]} \qquad (5-4)$$

式中　F_a ——危险率为 a 的 F 值；

　　　N ——子样数；

　　　σ^2 ——无偏估计的剩余方差；

　　　Q ——下料重量流率（g/min·孔）。

取 $a = 0.10$，下料流率 $Q = 2.2$ g/min·孔，粘度波动范围 δ 为 0.7 kPa·s。即可靠性为 90% 时，可浇性的 η_a^1 上限为 2.5 kPa·s。

小型装药有时还用 $\phi4$ 和条形状的喷孔浇注。增大喷淋浇注设备的喷孔截面积，可减小药浆流动的阻力，所以只要 $\phi3$ 的喷淋花板可浇，用 $\phi4$ 的喷淋花板和条形喷孔浇注，也会是可浇的。

根据需要的推进剂装药量和混合机投料量的规模，可允许的浇注工艺时间和采用的浇注工装喷淋花板的孔径、孔数或插管的孔径、管的数量，就可设计出各种装药的工艺参数下要求的下料流率。要确定它们可浇注的粘度判据，需找出下料流率和喷孔孔径或插管管径之间的关系，然后与确定的可浇性标准联系起来。

根据能量守恒的著名流体力学公式——伯努利方程，假定为无粘性的理想流体，在稳定流动状态下，其形式为

$$\frac{W_1^2}{2} + h_1 g + \frac{P_1}{\rho_1} = \frac{W_2^2}{2} + h_2 g + \frac{P_2}{\rho_2} \qquad (5-5)$$

式中　W ——流动线速度；

　　　h ——液高；

　　　P ——压力；

　　　ρ ——密度；

　　　g ——重力加速度。

推进剂喷淋浇注 $h_2 = 0$，$P_2 \approx 0$，P_1 为一个大气压，h_1 忽略，推进剂密度 $\rho = \rho_1 =$

ρ_2，起始 $W_1 = 0$，代入式（5-5）得

$$\frac{P_1}{\rho} = \frac{W_2^2}{2}$$

即

$$W_2 = \sqrt{2P_1/\rho} \tag{5-6}$$

推进剂实际是粘性流体，故要加入一个流速系数 C，得

$$W_2 = C\sqrt{2P_1/\rho} \tag{5-7}$$

设喷孔截面积为 S，则浇注时每孔体积流速 V 为

$$V = W_2 S = CS\sqrt{2P_1/\rho} \tag{5-8}$$

可推知，在相同外界条件下不同喷孔与推进剂体积流速的关系为

$$V_1/V_2 = R_1^2/R_2^2 \tag{5-9}$$

式中　V_1、V_2——推进剂体积流速（cm³/min·孔）；

　　　　R_1、R_2——花板喷孔半径（cm）。

因为

$$V = Q/\rho \tag{5-10}$$

式中　Q——下料重量流率（g/min·孔）；

　　　ρ——推进剂密度（g/cm³）。

将式（5-10）代入式（5-9），得下料流率和喷孔孔径或插管管径之间的关系如下

$$Q_1/Q_2 = R_1^2/R_2^2 \tag{5-11}$$

根据式（5-11）中的关系，可用前述 $\phi 3$ 喷孔可浇性的粘度判据判定其他孔径、管径下的可浇性。

首先将 $\phi 3$ 喷孔的下料重量流率（$Q_1 = 2.2$ g/min·孔）代入式（5-11），计算出其他孔径或管径下可能达到的下料流率。例如，$\phi 4$ 喷孔浇注相同推进剂，预计 Q_2 可达 3.9 g/min·孔。用计算得到的该孔/管径浇注的下料流率与工艺设计要求的浇注下料流率比较，若浇注工艺设计要求的下料流率小于计算所得下料流率或与之相当，就可用 $\phi 3$ 喷孔（下料重量流率 Q_1 为 2.2 g/min·孔）的可浇性粘度判据判定它的可浇性，为表观粘度 η_a^1 小于 1.8 kPa·s。

有时由于推进剂设计的改变，可能使推进剂药浆粘度发生较大的变化，这时就要在特定的粘度水平下，改变浇注的工装参数，从而实现可浇性。图 5-4 和图 5-5 是一种推进剂在不同设计时的药浆粘度结果。图 5-4 显示的是 1# 设计时的药浆粘度，5~6 小时适用期内的表观粘度在 600 Pa·s 以内；而图 5-5 显示的是 2# 设计时的药浆粘度，由于设计的变化，药浆的表观粘度变成了几千 Pa·s，增长了一个数量级。

要实现高粘度药浆的顺利浇注，根据流变学理论，首先需要改进工装，解决高粘度药浆的小型浇注问题。用小型浇注的工艺参数和可浇性判据指导设计、选择较大药量浇注的工装和工艺参数。

例如，用图 5-6 所示的推进剂药浆浇注三个 35 kg 的推进剂模具，要求浇注一个模具

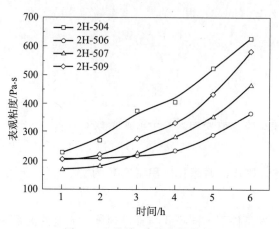

图 5-4 设计 1# 的药浆粘度

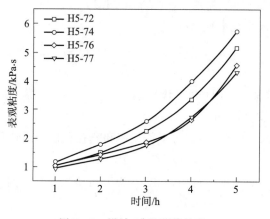

图 5-5 设计 2# 的药浆粘度

在 30~40 min 内完成。根据以上方法，设计选择了真空喷淋浇注的喷孔孔径和孔数等工艺参数后，三个模具分别在 40 min、40 min、46 min 内顺利浇注完成，实际浇注的结果与设计预估相一致。

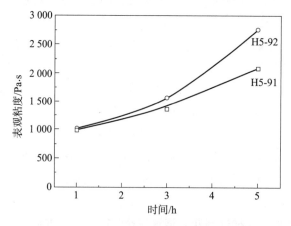

图 5-6 装药药浆的粘度水平和适用期

5.3 流平性

流平性是推进剂工艺性能中的一个参数,一些文献通常并不区分,只提工艺性能判定[6-7]。Klager 等人用加入固化剂 3 小时后,500 Pa 剪切应力下的表观粘度和圆形夹道模型实验判断流平性[4]。我国一直采用落球粘度计测定的相对表观粘度或直观观察经验判断推进剂流平性,但用表观粘度作判定,时有异常[8]。Fluke 在介绍推进剂是否可以用于装药生产时,认为描述推进剂流变特性,至少要提供五个方面的流变参数[5]。

1)是否存在屈服值及屈服值大小;

2)剪切速率指数及其对应的剪切速率范围;

3)剪切速率指数发生变化,当变成 1 或不再遵循幂律时的剪切速率边界;

4)剪切速率为 1 s^{-1} 时的剪切应力;

5)固化速度的估计值和固化速度的温度依赖关系。

但上述文献未提其中哪个或哪几个参数可用于判定推进剂流平性。

要确定表征推进剂流平性的流变参数,首先要对推进剂的流平过程进行分析。

5.3.1 流平过程分析

复合固体推进剂的药柱成型通常采用插管或真空喷淋浇注法。推进剂在较高剪切应力和较高剪切速率下流经插管或喷孔。当推进剂离开插管端口或花板喷孔后,所受的剪切应力和剪切速率将迅速衰减,然后推进剂在堆积的静压力和周围环境振动力的作用下,慢慢向发动机壁和芯模附近流动。浇注结束后,要求推进剂充满所有设计空间,并希望药面平整。推进剂离开浇注插管出口或花板喷孔至充满发动机空间直到药面淌平,这一过程称为推进剂流平过程,判断这一过程的特性称为推进剂流平性。显然,流平是推进剂在低剪切应力和低剪切速率下的流动问题,判断推进剂流平性,需要用低剪切应力或低剪切速率下的流变学参数[9]。文献 [4] 提出用 500 Pa 剪切应力下的表观粘度判断流平性,屈服值和 1 s^{-1} 剪切速率下的表观粘度 η_a^1 也是可以判断流平性的流变参数。

5.3.2 表观粘度与流平性

考察 1 s^{-1} 剪切速率下的表观粘度 η_a^1、500 Pa 剪切应力下的表观粘度 η_a^{500} 及药浆屈服值与流平性的关系,并确定流平性判据。

把固体含量在 $80\% \sim 90\%$,固化剂有 TDI 和 IPDI,推进剂燃速有高、中,具有一定代表性的 HTPB 三组元推进剂,分别以 $1^{\#}$、$2^{\#}$、$3^{\#}$、$4^{\#}$ 表示。1 L 混合机制备推进剂样品,出料后不同时间取样浇注,同时进行 η_a^1、η_a^{500} 和 τ_y 的测定,观察固化后药面状况,并将具有代表性的药面进行照相比较。实验药浆屈服值用桨叶状转子直接测定[10],所有结果列于表 5-5。

表 5 – 5　推进剂流变参数与流平性的相关性

推进剂		τ_y /Pa	η_a^1 /(Pa·s)	η_a^{500} /(Pa·s)	药面状况	照片号
1#		133.4	843.5	947.2	平、光亮	—
		165.4	1 702	—	平	图 5–7(a)
		247.8	2 485	—	稍有条痕	图 5–7(b)
		447.1	—	—	条显、堆积	—
		737.2	—	—	条状、堆积	—
2#		128.0	938.3	918.6	平、光亮	—
		166.2	1 178	786.0	平	—
		245.6	1 918	1 518	条痕	—
		336.2	2 802	1 535	条、堆积	图 5–7(c)
3#		289.1	1 911	3 309	条痕	—
		371.0	2 031	—	条堆	—
4#		253.4	1 422	1 463	条痕	—
重复一	1#–1	109.0	1 486	1 596	—	—
		166.8	2 182	1 325	—	—
		272.0	3 289	—	条痕	—
	1#–2	156.7	1 323	1 445	平	—
		267.8	2 382	1 076	稍有条痕	—
		490.1	—	4 196	条状、堆积	—
重复二	1#	173.2	1 170	888.3	平	—
		335.3	2 267	—	条堆	—
	2#	248.6	8 17.9	913.8	条痕	—
		357.8	2 427	883.5	条堆	—

从表 5–5 的结果可见，1 s^{-1}剪切速率下的表观粘度，推进剂 1#在 η_a^1 = 1 702 Pa·s 时，药面平，在 η_a^1 = 2 485 Pa·s 时，药面稍有条痕；而推进剂 2#在 η_a^1 = 1 178 Pa·s 时，药面平，在 η_a^1 = 1 918 Pa·s 时，药面才稍有条痕。对于 500 Pa 剪切应力下的表观粘度，推进剂 2#、3#、重复一的 1#–2、重复二的 2#分别在 1 518 Pa·s、3 309 Pa·s、1 076 Pa·s和913.8 Pa·s相差较大的不同粘度下，药面却呈现相似的条痕状。这些结果显示 1 s^{-1}剪切速率下和 500 Pa 剪切应力下的表观粘度与药面流平性没有明显对应性。说明相对推进剂药浆流平的过程，1 s^{-1}的剪切速率和 500 Pa 的剪切应力还是相对要高，测定的结果不能反映低剪切速率和低剪切应力下的流平性特征。文献［4］提出用 500 Pa 剪切应力下的表观粘度判断流平性，这是针对 $\phi6$ 600 大型药柱而言的，并且允许有一定数量和一定尺寸大小的气孔存在，这是针对特定对象的一种处理。

综上可知，在 1 s^{-1}剪切速率下和 500 Pa 剪切应力下的两种表观粘度不能选择作为推进剂流平性的表征参数。

5.3.3　屈服值与流平性判据

屈服应力为流体物料由静止向流动转变所需的最小剪切应力,显然流体屈服值是低剪切应力或低剪切速率下的一个流变学参数。

5.3.3.1　HTPB、CTPB 推进剂

选取表 5-5 中 HTPB 三组元推进剂里具有代表性药面状况的照片与相应的药浆屈服值示于图 5-7。

(a) 165.4 Pa　　　　　　(b) 247.8 Pa　　　　　　(c) 336.2 Pa

图 5-7　不同屈服值的药面状况照片

复合固体推进剂品种多样,表 5-6、图 5-8 示出了 HTPB 四组元推进剂和 CTPB 缓燃药推进剂流平性与屈服值之间的关系。

表 5-6　HTPB 四组元推进剂和 CTPB 缓燃药推进剂流平性和屈服值

品种	τ_y/Pa	药面状况	照片号
HTPB 四组元	76.2	亮、平	
	107.2	亮、平	
	150.5	亮、平	图 5-8(a)
	203.3	基本平	图 5-8(b)
	262.2	条痕	图 5-8(c)
CTPB 缓燃药	179.0	平	
	208.2	稍有条痕	
	239.8	条痕	
	278.7	条痕	
	421.0	条堆	

表 5-5、表 5-6 和图 5-7、图 5-8 表明,HTPB 三组元、HTPB 四组元和 CTPB 缓燃药推进剂的药浆屈服值与药面状况间有相同的对应关系。当屈服值由大变小时,药面状况由堆积变成条痕状,最后药面变得平亮,相同的药面状况对应的药浆屈服值水平也相当。综上可得,几种推进剂的流平性判据为:当屈服值在 160 Pa 左右时,药面亮、平;屈服值在 250 Pa 左右时,药面有条痕;屈服值大于 300 Pa 时,药面呈条痕堆积。

(a) 150.5 Pa　　　　　　　(b) 203.3 Pa　　　　　　　(c) 262.2 Pa

图 5-8　HTPB 四组元推进剂的药面状况

5.3.3.2　NEPE 推进剂

表 5-7 和图 5-9 列出了 NEPE 推进剂药浆的屈服值与流平性的关系，用单位质量药浆的淌平面积的大小表示流平性的好坏。

表 5-7　NEPE 推进剂药浆屈服值与流淌面积

编号	τ_y /Pa	S /(cm²/g)	编号	τ_y /Pa	S /(cm²/g)
NR41　50 ℃	218.2	0.44	NR47　55 ℃	173.4	0.62
	165.1	0.62		87.2	1.21
	46.2	1.83		23.7	1.88
	55.7	1.23		73.3	1.22
	130.2	1.17	NR43　60 ℃	160.3	0.55
NR42　50 ℃	198.7	0.62		80.9	1.17
	75.1	1.43		35.5	1.75
	48.7	1.64	NR44　60 ℃	153.4	0.67
	46.1	1.66		1346	0.76
	66.2	1.26		138.3	0.71
	81.1	1.31		154.5	0.84
	95.2	1.23		97.7	1.12
NR45　55 ℃	154.3	0.61		54.9	1.44
	143.0	0.85		55.6	1.60
	117.5	1.10		57.6	1.76
	110.7	1.09		61.7	1.65
	104.1	1.11	NRG379　55 ℃	90.4	1.52
	90.5	1.38		95.1	1.46
NR46　55 ℃	27.2	1.83		112.6	1.21
	107.4	1.23		128.1	1.22
—	—	—		164.3	1.08

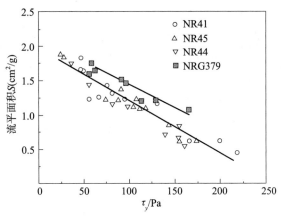

图 5-9 屈服值与流淌面积

由图 5-9 可见，屈服值小，流淌面积就大，否则反之，表明推进剂屈服值与药浆流淌面积间成反比关系。将 NEPE 推进剂的数据，分别按式（5-12）进行处理，结果列于表 5-8。

$$S = a + b\tau_y \tag{5-12}$$

式中　S——流平面积（cm^2/g）；

　　　τ_y——屈服值（Pa）；

　　　a——常数项；

　　　b——系数。

图 5-9 和表 5-8 表明，NEPE 推进剂的流平性与屈服值间也呈很好的线性相关性。表 5-8 中编号 NRG 和 NR 的线性参数有差别，因两者推进剂的配方发生了改变，致使流变性发生了变化，但不影响流平性与屈服值间的线性相关性。说明用屈服值作 NEPE 推进剂的流平性判据参数，同样也是合理的。

表 5-8　NEPE 推进剂屈服值与流平面积间关系的显著性检验

编号	a	b	R	子样数 n	显著性
NR	1.938	−0.008	0.944	34	0.01
NRG	2.106	−0.007	0.872	8	0.01

图 5-10 是 NEPE 推进剂的药面流平照片与相应的屈服值。图 5-10 显示，NEPE 推进剂的流平性判据是：屈服值在 110 Pa 左右，药面流平；屈服值低于 100 Pa 后，药面平亮。

NEPE 推进剂的流平性判据屈服值在 110 Pa 左右，较 HTPB 推进剂的流平性判据 160 Pa 低。这是由于 NEPE 推进剂的固体含量、填料特性、体系极性等条件，与 HTPB、CTPB 推进剂不同，推进剂药浆的流体结构有较大差异。图 5-2 的结果已表明，NEPE 推进剂的假塑性指数 n 与 HTPB 推进剂假塑性指数 n 相比，明显较低。说明推进剂的流体结构有了较大改变，流平性的屈服值标准也要做相应调整，流平性判据不是一个普适量。

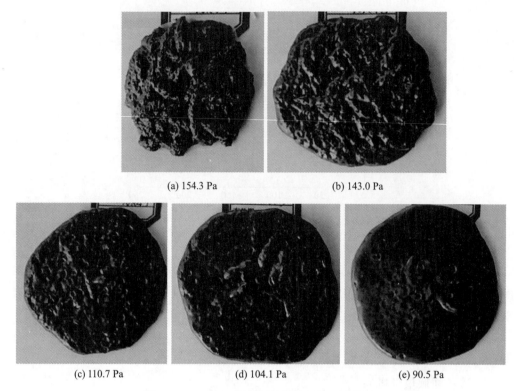

(a) 154.3 Pa　　　　　　　　　(b) 143.0 Pa

(c) 110.7 Pa　　　　　(d) 104.1 Pa　　　　　(e) 90.5 Pa

图 5 - 10　NEPE 推进剂屈服值与药面照片图

推进剂流平性和屈服值之间有对应性，流平的屈服值判据根据推进剂特征确定。目前 HTPB、CTPB 推进剂的流平性判据为屈服值小于 160 Pa，NEPE 推进剂为屈服值小于 110 Pa。

5.3.4　流平性与完整性

研究推进剂流平性的目的，就是控制和保证推进剂药柱结构的完整性。完整性即药柱或药块表面平整，内部致密无气孔等缺陷。表 5 - 9 列出了药块结构完整性与药浆流平状况及屈服值的关系。

表 5 - 9　推进剂完整性和流平性

编号	τ_y /Pa	药面状况	纵切面气孔
R174	109.9	平	无
	166.8	平	无
	272.0	条痕	无
R175	156.7	平	无
	267.8	条痕	无
	490.1	条堆	有
	772.4	条堆	大而多

续表

编号	τ_y /Pa	药面状况	纵切面气孔
R176	173.2	平	无
	335.3	条堆	有
	432.0	条堆	有而多
	623.6	条堆	多而密
R177	248.6	条痕	无
	357.8	条堆	无
	396.3	条堆	少数几个

由表 5-9 可知，推进剂屈服值由小变大，流平性逐渐变差，推进剂堆积变高，药块内部气孔由少到多且大，表明流平性的屈服值与推进剂结构完整性有对应性。

大型发动机浇注，推进剂要流淌一段距离才能充满所有空间，完整性与推进剂流淌距离的关系如图 5-11 所示，用堆高与流淌半径的比值 F 表征完整性，结果见表 5-10。

$$F = \frac{h}{L} \tag{5-13}$$

式中　h ——堆高；

　　　L ——流淌半径。

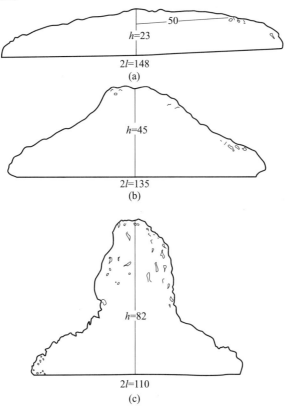

图 5-11　不同屈服值的药块剖面图

表 5 – 10　推进剂完整性和流淌距离

编号	τ_y /Pa	F	药面状况	纵切面气孔
a	253.4	3.2	条痕	流淌距离大于 50 mm 有少数几个较大气孔
b	289.1	1.5	条堆	流淌点越远,气孔大而多
c	371.0	0.7	条堆	气孔密而大

由表 5 – 10 和图 5 – 11 可见,F 值大,表示易流平,反之则表示流不平,要堆积。

当推进剂有一定屈服值时,药面堆积,当堆积高度的静压力或周围环境的振动力超过屈服值时,推进剂就流动,以后又堆积又流动,呈波浪状不连续地向远处流淌。当流淌的推进剂覆盖凹凸不平的药面时,容易形成气孔和缺陷。推进剂流淌距离越远,越易形成气孔。即使推进剂屈服值较小,若流淌距离远,有时也要出现气孔。这对大型发动机或复杂药型发动机的浇注很有启示,为保证药柱结构完整性,应考虑采用更低屈服值的推进剂,或改进浇注工装设计,使推进剂流淌距离缩短。

综上可知,完整性由推进剂在低剪切应力和低剪切速率下的流变特性决定,完整性与屈服值相关,和流平性有一致性。

美国在研制 ϕ 6 600 固体发动机装药时[4],考察完整性与推进剂流变性的关系,用图 5 – 12 模具浇注药块,结果见表 5 – 11。

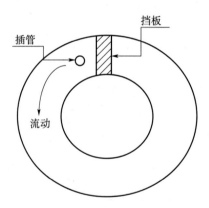

图 5 – 12　药浆流平性实验模型图

表 5 – 11　药柱完整性与推进剂流变性

序号	假塑性程度	η_a ($\times10^3$ Pa·s) *	气孔个数	气孔大小/(mm×mm)
1	正常	1.3~1.7	3	2.5~6.4×76.2
2	正常	2.4~2.7	0	—
3	正常	2.5~4.0	0	—
4	高	5.0~15.0	13	25.4~76.2×305
5	高	6.5~12.0	7	6.4~12.7×101.6
6	高	4.7~15.0	28	25.4~101.6×508
7	正常	2.7~3.7	9	6.4~50.8×177.8

注:* 加入固化剂后 3 小时,57 ℃,τ =500 Pa 下的表观粘度。

认为，在 500 Pa 这样的低剪切应力下，表观粘度在 4.0×10^3 Pa·s 以内，可得基本无缺陷的药柱；当表观粘度在 $5.0 \sim 15.0 \times 10^3$ Pa·s 时，推进剂假塑性程度高，出现气孔，随表观粘度增大，气孔多且大。

5.4　适用期

适用期是推进剂流变性满足装药工艺可行性要求的时间期限。推进剂研究者要提供推进剂所具有的适用期，装药部门要对推进剂提出适用期要求，推进剂具有的适用期要大于或等于装药提出的适用期。推进剂适用期一般用加入固化剂后的时间，或混合完毕停车后的时间表示，以小时为单位。

适用期内的推进剂要满足装药工艺的要求，既要具有可浇性又要具有流平性。推进剂的表观粘度和屈服值是表征可浇性和流平性的两个特征工艺参数，在装药工艺温度下，测定推进剂这两个特征参数与时间的关系，根据可浇性和流平性的判据，就可确定推进剂的适用期。

同一推进剂的屈服值和表观粘度随出料后时间的变化规律不尽相同，适用期要综合评价可浇性和流平性的时间限后确定，应依据时间择短原则，哪个达到可行的判据上限的时间短，即以哪个时间作为推进剂工艺可行性适用期。

5.4.1　推进剂适用期

混合完毕的推进剂，在固化达到不易流动的时间前，必须浇注完毕，这一可以浇注的时间称为推进剂的适用期，对于不同的推进剂，认为具有的适用期在 $1 \sim 6$ 小时之间变化[1]，适用期内的推进剂要具有较好的可浇性和浇注后的流平性[2]。推进剂的适用期主要由体系的固化特征及其影响因素所决定，如推进剂品种、采用的固化体系和工艺温度，同时也受到对固化有影响的一些其他因素的作用。固化体系反应速度快的推进剂，如丁羟推进剂，用 TDI 作固化剂的要比用 IPDI 作固化剂的适用期短。混合、浇注的工艺温度高，会加速固化反应，使推进剂的适用期变短。一些功能组分或环境或杂质或水分等要参与或影响固化反应的因素，根据作用机理不同，会使适用期延长或缩短。

实际推进剂的适用期从几小时到几十小时不等，有的推进剂固化速度慢，也不是出料初期就能满足适用期的流变性要求，而是出料后一定时间后才能达到要求。推进剂的适用期不是时间越长越好，太长的适用期，推进剂在较长时间内不能固化成型，这不是装药所希望的，只要能满足使用该推进剂的装药要求，且具有合理的裕度，即可认为是合理的适用期。

5.4.1.1　丁羟推进剂

丁羟推进剂是目前最常用的推进剂品种，主要采用 TDI 或 IPDI 固化体系。可用图 5 - 13 和图 5 - 14 中的结果，与可浇性和流平性判据进行比较，来确定它们的适用期。图 5 - 13 和图 5 - 14 是 TDI 固化的两种丁羟推进剂流变性和时间的关系。

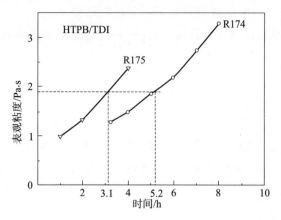

图 5 - 13　HTPB/TDI 表观粘度与时间的关系

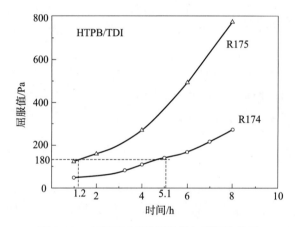

图 5 - 14　HTPB/TDI 屈服值与时间的关系

丁羟推进剂的流动性和流平性判据分别是 1.8 kPa·s (η_a^1) 和 160 Pa (τ_y)。由图 5 - 13 和图 5 - 14 可知，R174 的可浇性为 5.2 小时，流平性为 5.1 小时，可以说 R174 的适用期为 5 小时以上。R175 的可浇性为 3.1 小时，流平性为 1.2 小时，这种推进剂的屈服值和表观粘度表征的适用期不相同，依据适用期确定的时间择短原则，则 R175 的适用期为 1 小时多一些。

图 5 - 15 和图 5 - 16 是 IPDI 固化的一种丁羟推进剂流变性和时间的关系。由图 5 - 15 和图 5 - 16 可知，可浇性大于 8 小时，流平性为 5 小时，按时间择短原则，这种 HTPB/IPDI 推进剂的适用期为 5 小时。

由图 5 - 15 和图 5 - 16 还可见，表观粘度和屈服值与出料后时间的关系，呈 U 形变化。表观粘度在出料后 1.5 小时左右最低，则浇注的流动性应在出料后 1.5 小时左右为最好，浇注初期推进剂会有严重堆积。出料初期屈服值很高，在 1.6 小时左右，屈服值才达丁羟推进剂的流平性标准 160 Pa，所以流平性要在 1.6 小时后，才能变好。

由于图 5 - 16 中，1.6 小时到 5 小时间，屈服值在流平性判据以内，但 5 小时后的屈服值增加较缓，可以说流平性适用期为 5 小时以上，但真正工艺性能好的时间，是在出料

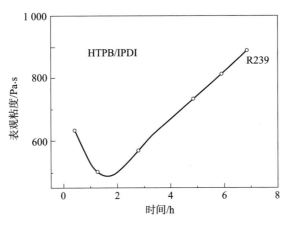

图 5-15　HTPB/IPDI 表观粘度与时间的关系

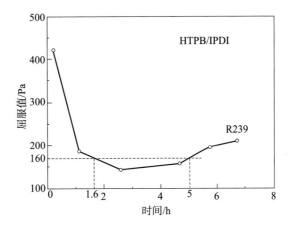

图 5-16　HTPB/IPDI 屈服值与时间的关系

后 1.6 小时到 5 小时之间的 3.5 个小时内。具有这类流变性变化特征的推进剂，不利于出料后很快就要浇注完毕的小试样的工艺，会有严重的堆积，产生气孔等瑕疵。有人曾将出料后的推进剂药浆，放置一定时间后再浇注，也不失为一种解决办法。这种特性对于浇注大型药柱可能就没有问题。因为浇注大型药柱的药浆，由大型混合机生产，推进剂混合完毕后，停车出料、中途转运、工装装配，要经大约 1～2 小时才能开始浇注，这时初期的推进剂堆积，基本就不会存在。由于大型产品所需浇注时间较长，工艺完毕的时间只要在推进剂的适用期内，这种推进剂就可以满足大型药柱生产的要求。

5.4.1.2　其他推进剂

图 5-17 和图 5-18 所示为 NEPE 推进剂流变性和时间的关系。

由图 5-17 和图 5-18 可知，NEPE 推进剂与 HTPB/IPDI 推进剂具有相似的流变性特征，适用期在 40 小时以上。出料初期的一段时间，药浆屈服值很高，药浆流平性很差，会出现严重堆积。大约在出料后 5 小时之后，屈服值达流平性标准，并随出料后时间逐渐增加，屈服值还不断降低，流动流平性会愈益变好。可以说 NEPE 的适用期，在出料后的

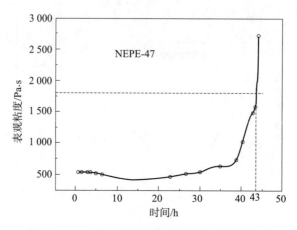

图 5 - 17　NEPE 推进剂表观粘度与时间的关系

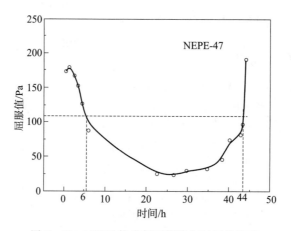

图 5 - 18　NEPE 推进剂屈服值与时间的关系

5 小时至 44 小时之间，约有 40 小时适宜的工艺时间。

　　这种特性的推进剂，在小型试验阶段，往往给人工艺性能差的感觉。如用于小型产品，则需要努力研究改进推进剂的工艺性能，或采用振动装药工艺。若要用于大型装药，可在全面流变性评价后，再做决定。

　　推进剂之所以呈现这类流变性特征，主要由于固化速度的问题。NEPE 类推进剂一般采用 N - 100 作固化剂，和 HTPB/IPDI 推进剂一样，它们形成聚氨酯的反应速率相对比 TDI 作固化剂的要慢。推进剂混合完毕，出料初期，粘合剂分子上羟基与异氰酸酯反应生成的氨基甲酸酯基的含量太少，大量填料颗粒不能经氨基甲酸酯基的氢键或极性等吸附，与粘合剂形成连续的一体。药浆流动时，粘合剂链段的跃迁不能带动大部分固相颗粒一起移动，流动受阻，屈服值变高，使浇注下的药浆出现堆积。随着固化反应的进行，生成氨基甲酸酯基的含量不断增多，也就不断增加填料与粘合剂二相流的连续性，流动阻力降低，屈服值变小，流平性改善[11]。

5.4.1.3　适用期调整

不同推进剂的适用期有长有短，为了满足推进剂装药需要，对适用期短的推进剂，有时需要研究延长推进剂的适用期。延长推进剂适用期的途径有多种[12]，可加入固化负催化剂，如聚醚聚氨酯推进剂中加入乙酰丙酮铁或乙酰丙酮[13]，也可加工艺助剂、调整增塑剂含量，或对氧化剂 AP 包覆，最有效和常用的是改变工艺温度。

图 5-19 和图 5-20 展示了改变工艺温度对推进剂适用期的影响。

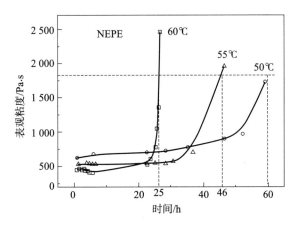

图 5-19　温度对表观粘度的影响

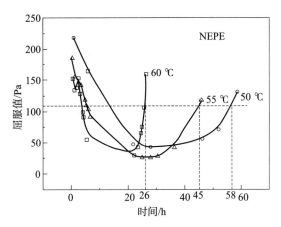

图 5-20　温度对屈服值的影响

由于温度既是影响高聚物流体粘度的重要因素，也是影响推进剂固化反应速度的重要因素，由图 5-19 和图 5-20 可见，变化工艺温度，能明显调节推进剂的适用期。增加温度，降低推进剂的粘度和屈服值，有利于浇注和流平，但加快了固化速度，使推进剂的粘度和屈服值增长加快，又要使适用期变短；降低工艺温度，虽使推进剂的粘度和屈服值变高，但其增长率减缓。用工艺温度调节适用期，实际是寻找温度对药浆流变性和固化速度影响之间的合理平衡。当然，升高工艺温度，还要考虑会带来的安全操作和能耗的问题。

改变推进剂的工艺温度来调节药浆适用期，首先要考虑满足完成浇注工艺需要的时间，其次是操作的易行性，然后才考虑其他问题。当然所有用来调节推进剂适用期的措施，均需考虑这些措施对推进剂力学性能等其他性能的影响，须在推进剂各种性能可允许的范围内调节为准。

5.4.2 推进剂装药适用期

推进剂装药部门根据需装发动机的规模、生产工艺途径、浇注工装等，对所用推进剂提出适用期要求。

针对不同装药目的，推进剂具有的适用期只要和装药工艺要求的适用期相当，即使适用期短的推进剂，仍是可用的推进剂。例如推进剂研制初期，只浇注一些小型试样进行性能测试，规模很小，浇注工艺简单，所需时间很少，这时的推进剂适用期可能很短，也是可用的。

大型发动机装药要求的适用期相对较长，一般需 6～8 小时[1]。一锅推进剂就能装一个发动机，推进剂适用期至少要和浇注一个发动机的时间相等。浇注大小不同的发动机，适用期要求会有很大差别。大型发动机采用多锅制药、连续浇注，可浇性适用期可与浇注一锅推进剂所需时间相等。若采用浸入式加压插管工艺，药柱最外层是开始第一批浇入的推进剂，药柱质量取决于初期浇入推进剂的流平性[4]，则流平性适用期要和浇注整个发动机所需时间相等，而可浇性适用期只要和浇注一锅药浆的时间相当即可，这时流平性适用期要比可浇性适用期长。用真空喷淋或插管非浸入式浇注，浇入的推进剂基本按浇入的先后次序层状堆积，药柱质量只与每批推进剂在一定时间内的流平性有关，这时流平性适用期要比浇注一个发动机的时间短得多。显然，装药采取的工艺、工装和发动机的大小不同，对推进剂适用期的要求就会不同，装药要求的推进剂适用期不是普适量。

5.5 粘度预估

粘度是评判推进剂药浆工艺性能的一个重要参数，推进剂配方研究阶段，人们通过测定药浆粘度，用于判断和掌握各种配方调节措施对工艺性能的影响；在大型发动机装药中，通过测定药浆粘度，可以判断发动机装药的工艺可行性和装药质量。药浆粘度是推进剂研制、生产中十分重要且测定频率很高的一个流变参数。人们期望能通过理论计算或少量的实验测定，就能知道药浆的粘度水平，即粘度预估。

5.5.1 粘度的理论预估

对于理论计算预估药浆粘度，至今大部分的研究集中在固体含量、粒度及分布和粘合剂组成的非固化体系制成的浆料，即配方设计的粘度预估[14-18]，关于实际装药推进剂药浆粘度的预估工作，目前还少有报导。要很好地进行药浆粘度预估，首先需要基本掌握影响药浆粘度的机理，及调节和控制粘度的方法；其次要能稳定、准确地测定相关参数。在此基础上，就可根据变化的特征和规律，对粘度进行预估。

杨可喜等[19]认为药浆粘度取决于推进剂配方参数、药浆温度和混合结束后的时间。当药浆温度为 T 时，混合结束后 t 时间的粘度，可用下式预估其近似值

$$\eta_s(t) = \eta_0 \left[1 + \left(\frac{A\phi^2 \phi_m}{\phi_m - \phi} \right) \right] \exp(Kt) \tag{5-14}$$

式中　$\eta_s(t)$ ——混合结束后 t 时间的药浆粘度；

　　　η_0 ——液体组分混合液在 T 温度下的粘度；

　　　ϕ ——固体组分的体积分数；

　　　ϕ_m ——固体组分的最大可填充分数；

　　　A ——与粘合剂/填料界面作用有关的经验常数；

　　　K ——药浆粘度在 T 温度下随时间的增长指数；

　　　t ——混合结束后药浆放置时间。

ϕ_m 是固体组分粒度级配的函数，可理论计算[14-15]，也可经测定的摇实密度进行换算。

由式（5-14）可知，减小 η_0、ϕ、A、K 或增大 ϕ_m，都能使药浆粘度降低。η_0 主要取决于粘合剂的本体粘度和增塑剂的性质与含量。降低药浆粘度的实用方法有：加入工艺助剂（减小 A 值），选用慢速固化剂（减小 K 值）以及调整氧化剂和铝粉的粒度组配（增大 ϕ_m 值）等。

J. K. Chen 等[20]则通过建立以下经验模型，预估药浆的初始粘度

$$\lg\eta_r = a_0 + \sum a_i V_i + \sum b_i V_i^2 + \sum c_i V_i^3 \tag{5-15}$$

$$\eta_r = \eta_s / \eta_0 \tag{5-16}$$

$$V_i = V_{AP_i} / \left(\sum V_{AP_i} + V_{Al} + V_b \right) \tag{5-17}$$

$$V_{AP_i} = M_{AP_i} / 1.95 \tag{5-18}$$

$$V_{Al} = M_{Al} / 2.7 \tag{5-19}$$

$$V_b = M_b / \rho_b \tag{5-20}$$

式中　η_r ——药浆的初始相对粘度；

　　　η_s ——药浆的初始粘度；

　　　η_0 ——粘合剂与增塑剂混合液粘度；

　　　M_{AP_i} ——第 i 级分 AP 的质量分数；

　　　M_{Al} ——铝粉质量分数；

　　　M_b ——粘合剂与增塑剂混合液的质量分数；

　　　ρ_b ——粘合剂与增塑剂混合液的密度。

设计实验配方，由 AP、铝粉、粘合剂和增塑剂四种组分组成。各组分含量固定，改变 AP 的粗、中、细三种粒度的配比。实验测定各参数，算出相对粘度 η_r，将配方设计的 V_i 和 η_r，用式（5-15）拟合，求出回归系数 a_0、a_i、b_i、c_i，建立该系列配方计算药浆初始粘度的经验式。文献 [20] 用此经验式计算预估 η_r，与实验值比较的相关系数为 0.987。

5.5.2　适用期粘度预估

一般推进剂药浆适用期需要达到 5～6 小时，则每小时就得测一个粘度点，显然工作量很大，这是一个十分费时费力的事。如果对出料后的药浆，只测前期两个点的粘度，就可以预估出在适用期以后的时间内，药浆可能达到的粘度值水平。这样就可预测以后一定时间内的工艺性能，这对合理掌握工艺时间或为保障装药质量预先采取措施将有很好的指导意义；另一方面，将可大大减少粘度测试的工作量。

推进剂药浆粘度一般用与剪切速率相关的幂律模型描述，药浆是一种高填充的特种含能浆料流体，粘度呈明显的假塑性。随剪切速率增大，粘度下降，随适用期内药浆固化的进行，剪切速率指数不断发生变化。对适用期内的药浆粘度进行预估，所用的粘度概念，必须在适用期内有可比性。取 $1\ \mathrm{s}^{-1}$ 剪切速率下的表观粘度作预估的药浆特征粘度，则幂律模型中的 $\dot{\gamma}^n$ 项，不管剪切速率指数 n 值如何变化，将恒等于 1，这时测定的粘度，将独立地变化，在适用期内就具有可比性。

推进剂混合完毕，药浆经固化反应将逐渐由流体变成固体，出料后药浆粘度变化受推进剂固化反应控制，根据应力松弛理论，假设：

1）固化反应与剪切速率无关；

2）药浆粘度大小与固化反应的点数 N 成正比；

3）以上两点假设，在固化凝胶化点前成立，也就是说在药浆适用期内成立。

则

$$\eta(t) \propto N(t) \tag{5-21}$$

因

$$\frac{\mathrm{d}N(t)}{\mathrm{d}t} = K \cdot N(t) \tag{5-22}$$

将式（5-22）积分得

$$N(t) = \mathrm{e}^{Kt} \tag{5-23}$$

将式（5-23）代入式（5-21）得

$$\eta(t) = A\mathrm{e}^{Kt} \tag{5-24}$$

式中　$\eta(t)$ ——药浆出料后 t 时间的粘度（Pa·s）；

$\quad\quad N(t)$ ——药浆中 t 时间的固化反应点数；

$\quad\quad K$ ——用药浆粘度表示的表观固化反应速度常数；

$\quad\quad A$ ——指前因子。

由式（5-24）可知，出料后药浆粘度与时间成指数关系。这和人们在实践中得到的药浆粘度与时间的最佳拟合关系完全一致，说明上述假设符合药浆实际，据此可推导粘度的预估方程。

假设药浆在出料后 t_i、t_j 时间分别测得粘度值 $\eta(t_i)$、$\eta(t_j)$，令 $j > i$。根据式（5-24）可分别得

$$\eta(t_i) = A\mathrm{e}^{Kt_i} \tag{5-25}$$

$$\eta(t_j) = A\mathrm{e}^{Kt_j} \tag{5-26}$$

将式（5-26）除以式（5-25），归整后求得 K 值为

$$K = \ln[\eta(t_j)/\eta(t_i)]/(t_j - t_i) \tag{5-27}$$

将式（5-27）代入式（5-26）得

$$A = \frac{\eta(t_j)}{e^{t_j \ln[\eta(t_j)/\eta(t_i)]/(t_j-t_i)}} \tag{5-28}$$

将式（5-27）、式（5-28）代入式（5-24），就可得药浆适用期内 t_x 时间时的表观粘度 $\eta(t_x)$

$$\eta(t_x) = \eta(t_j) e^{(t_x-t_j)\{\ln[\eta(t_j)/\eta(t_i)]/(t_j-t_i)\}} \tag{5-29}$$

由式（5-29）可见，只要测定出混合完毕出料后 t_i、t_j 两个时间点的药浆粘度，就可预估出适用期内 t_x 时间时的粘度水平。

表5-12、图5-21、图5-22是 HTPB 和 NEPE 两种推进剂的药浆粘度实测和预估结果。

表 5-12　HTPB 和 NEPE 推进剂实测粘度和预估结果

（单位：Pa·s）

HTPB	1# HTPB/TDI (2C)	t /h	0.8	2.3	3.8	5.2	6.5	—
		η_a 测	675	798	1 102	1 396	2 064	—
		η_a 估	—	862		1 385	1 713	—
		$\Delta\%$	—	8.0	—	−0.8	−17.0	—
	2# HTPB/TDI (3C)	t /h	0.5	2.0	3.4	4.8	6.3	—
		η_a 测	537	725	954	1 358	2 010	—
		η_a 估	—	723		1 259	1 695	—
		$\Delta\%$	—	−0.3	—	−7.3	−15.7	—
	3# HTPB/IPDI (28)	t /h	0.6	2.0	3.4	4.8	5.8	—
		η_a 测	260	290	340	370	420	—
		η_a 估	—	297		389	427	—
		$\Delta\%$	—	2.4	—	5.1	1.7	—
NEPE	1#	t /h	0.5	2.0	3.1	4.6	6.2	—
		η_a 测	650	820	1 190	1 630	2 370	—
		η_a 估	—	921		1 687	2 447	—
		$\Delta\%$	—	12.3	—	3.5	3.2	—
	2#	t /h	1.3	2.0	3.0	4.0	5.0	6.0
		η_a 测	654.6	691.7	709.5	748.9	760.2	782.7
		η_a 估	—	676		745	781	820
		$\Delta\%$	—	−2.3	—	−0.6	2.7	4.8
	3#	t /h	1.5	3.4	4.4	6.5	—	—
		η_a 测	438.4	523.8	601.6	721.9	—	—
		η_a 估	—	—	575	700	—	—
		$\Delta\%$	—	—	−4.4	−3.0	—	—

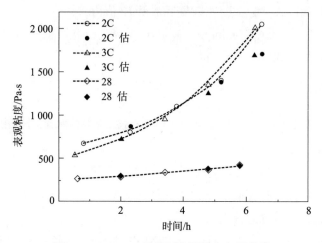

图 5-21　HTPB 推进剂实测粘度与预估值

注：图中曲线代表实测粘度的连线，实点符号为粘度预估值，粘度为 1 s^{-1} 剪切速率下测的表观粘度 η_a。

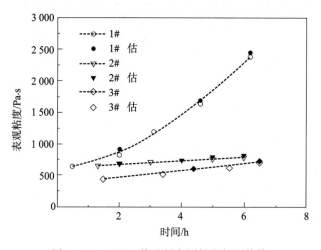

图 5-22　NEPE 推进剂实测粘度与预估值

　　由表 5-12、图 5-21、图 5-22 可见，丁羟推进剂预估粘度和实测值能够很好相符，所列结果的最大预估偏差在 20% 以内。

　　表 5-13 是几个其他推进剂实验配方粘度的预估结果。可见这些实验推进剂药浆的预估结果也达到了很好的精度，除含硼推进剂以外，一般误差在 10% 以内。

　　HTPB 推进剂 1#、2# 药浆粘度预估偏差随出料后时间增加而变大。药浆流动的根本原因是高分子链段的跃迁，然后带动填料颗粒一起移动。当配方采用了 TDI 固化剂，固化速度相对要快，出料后时间越长，离达到凝胶化点的时间越近，固化反应形成的局部交联网络增多，控制药浆流动的结构因素发生了变化，网络对粘度的影响因子逐渐增强，使药浆粘度大小与固化反应点数成正比关系的假设发生偏离所致。。

表 5 – 13 其他推进剂实测粘度和预估结果

(单位:Pa · s)

其他	1# HTPB/高燃速	t /h	1.25	2.00	3.00	4.00	5.00
		η_a 测	449.5	522.3	676.7	774.1	869.5
		η_a 估	—	—	638.0	779.4	952.1
		Δ%	—	—	−5.7	0.7	9.5
	2# HTPB/高燃速/低铝	t /h	1.00	2.00	3.00	4.00	5.00
		η_a 测	674.7	981.4	897.2	1 093.0	1 340.0
		η_a 估	—	—	905.0	1 048.1	1 213.0
		Δ%	—	—	0.9	−4.0	−9.5
	3# 含硼(1)	t /h	0.50	1.00	2.00	3.00	5.00
		η_a 测	542.1	602.5	908.8	1 172.0	1 865.0
		η_a 估	—	—	744.2	919.3	1 402.7
		Δ%	—	—	−18.1	−21.6	−24.8
	4# 含硼(2)	t /h	0.45	2.00	3.25	—	—
		η_a 测	382.4	465.9	554.1	—	—
		η_a 估	—	—	546.3	—	—
		Δ%	—	—	−1.4	—	—

HTPB 推进剂 3# 实验配方药浆粘度预估精度较高。由于用 IPDI 作固化剂,反应速度远慢于 TDI,即使到出料后 6 小时,离药浆凝胶化点时间可能尚远,控制流动的药浆结构因素没有发生较大变化,所以仍能很好符合药浆粘度变化与固化反应关系的预测粘度的假设。同理,NEPE 推进剂粘度的预估精度高,也是由于采用了固化速度慢的 N-100 作固化剂所致。

含硼 (1) 药浆的预估偏差较大。为探索预估偏差大的原因,测定了含硼 (1) 药浆的残余应力,所得结果示于图 5 - 23。

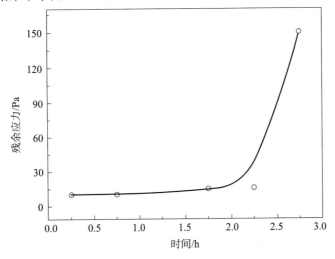

图 5 - 23 药浆残余应力随时间的变化

从图 5-23 可见，药浆残余应力在出料后两小时内基本不变，两小时后开始突升，这和 3# 含硼（1）药浆预估粘度的偏差增大呈对应关系。这是由于药浆出料后随固化的进行，粘合剂分子链的长度和局部网络不断增大，使药浆结构中，由弹性回复力所致的残余应力增加。也说明含硼药浆在固化约 2 小时后，有一种致固化明显加速的因素存在，导致药浆粘度变化偏离通常的幂律规律，而使预估粘度的偏差明显增大。

综上结果，通常要求的推进剂适用期为 5~6 小时内，经对一些配方粘度数据的检验，对适用期内的药浆粘度预估，一般符合性良好。固化速度较快的丁羟体系，最大偏差小于 20%；而慢速固化体系的预估偏差在 5% 以内。但也有例外，这要看粘度变化是否符合指数关系，一些特殊体系药浆粘度的预估，尚需研究相应的预估方程。普适的预估，需要对各种配方药浆粘度变化做进一步的研究，才能日臻完善。

5.6　小结

推进剂研制、生产时，首先遇到的是工艺性能。推进剂途径探索，要将各种原材料配制成药浆流体，浇注制成用于测试性能的样品。随推进剂配方不断完善，就要浇注试验发动机，直至装成产品，工艺规模将逐渐变大、变复杂，对工艺性能就有可浇性、流平性和适用期的要求。

人们对推进剂工艺性能有一个逐步认识和完善的过程，推进剂的工艺过程中，浇注是药浆在较高剪切应力和一定剪切速率下的流动，浇注后的流平是药浆在低剪切应力和低剪切速率下的流动，可浇性和流平性要由不同概念定义的流变参数表征。研究者们提出并选择了用 1 s^{-1} 剪切速率下的表观粘度表征药浆流动的可浇性，用桨叶状探头测定的屈服值表征药浆的流平性。根据 HTPB、NEPE 等推进剂体系的不同特征，分别研究确定了表征可浇性和流平性的表观粘度和屈服值的判据。

推进剂适用期是为了满足发动机装药需要进行一定的时间而提出的工艺参数，不同的装药目的，需耗费的时间差异很大，要求的适用期就不是一个普适量。一些推进剂的粘度和屈服值，随出料后时间的变化规律不尽相同，对推进剂适用期的判断，有时要采用择短原则，在以表观粘度表征的可浇性适用期和以屈服值为标准的流平性适用期两者中，应以时间短的那个参数为该推进剂的适用期。IPDI、N-100 等慢速固化的推进剂体系，最好的工艺状态，可能在药浆出料 1~2 小时以后一段的适用期时间内，这种情况不会影响大型装药的工艺性能。

推进剂工艺性能，需要跟踪测试大量的粘度数据，虽说简单但很费时。化学反应是推进剂流变性变化的根本原因，如能通过测试少数几个粘度点，就能预估整个适用期内的粘度水平，这是十分有意义的工作。对 HTPB、NEPE 等不同推进剂药浆，预估适用期内的粘度，结果具有很好的符合性。

随着对推进剂流体本质认识的不断提高和深入，对高固体含量、热固性流体流变理论的不断深化，以及更先进流变测试设备的出现，有望在预测、调节、控制、改进推进剂的工艺性能方面有更大的进展。

参 考 文 献

［1］ H O HOLLEY. Solid propellant processing ［J］. Chem. Eng. Progr. , 1961, 57 (5).

［2］ 唐汉祥. 药浆流变性能 ［A］. 侯林法主编. 复合固体推进剂 ［M］. 北京：宇航出版社，1994：209 - 214.

［3］ OSGOOD A A. Rheological characterization of non - Newtonian propellants for casting optimization ［J］. AIAA, paper：69 - 518.

［4］ KLAGER K，ROGERS C J, SMITH P L. Rheology of composite solid propellants during motor casting ［J］. Proceedings of International Annual Meeting, the 9th ICT, 1978：14 - 28.

［5］ FLUKE G A. Composite Solid Propellants processing techniques in 《Propellants Manufacture, Hazards and Testing》 ［J］. Gould R. F. , Ed. , Adv. In Chem. Ser. , 88, 1969, 165 - 187.

［6］ SMITH P L, BANKAITIS H. HTPB Propellants for Large Booster Applications ［J］. AIAA Paper，1971：71 - 708.

［7］ O'HARA T V, HENRY J B, STEPHEN W A. 84 吋推进剂药柱与药筒 ［J］. 刘宝芬，译. 国外固体火箭技术，1981 (1).

［8］ 董玉学，叶有权. 燃料及复合材料化学和工艺学 ［M］. 中等专业学校试用教材，1990：97.

［9］ 唐汉祥，刘秀兰，吴倩. 推进剂药浆流平性研究 ［J］. 推进技术，2000，21 (3)：79 - 82.

［10］ Q D NGUYEN, D V BOGER. Direct Yield Stress Measurement with the Vane Method ［J］. Journal of Rheology, 1985, 29 (3)：335 - 347.

［11］ 唐汉祥，吴倩，陈江. 氨基甲酸酯基对推进剂工艺性能的影响 ［J］. 推进技术，2002，23 (1)：50 - 53.

［12］ P H GRAHAM. Evaluation of potential propellant potlife extenders ［J］. AIAA Paper：78 - 123.

［13］ K Klager, A J Dimilo. 火箭推进剂 ［M］. 吴世康，等编译. 《固体火箭推进剂》译文集，北京：国防工业出版社，1976.

［14］ 杨可喜. 固体推进剂最大固体填充量的计算 ［J］. 推进技术，1985，6 (5)：55 - 62.

［15］ RICHARD D S. A generalized model to predict the viscosity of solutions with suspended particles. I ［J］. J. of Appl. Polym. Sci. , 1993, 48：25 - 36.

［16］ RICHARD D S. A new method to predict the maximum packing fraction and the viscosity of solutions with a size distribution of suspended particles. II ［J］. J. of Appl. Polym. Sci. , 1993, 48：37 - 55.

［17］ RICHARD D S. A generalized model to predict the viscosity of solutions with suspended particles. III. Effect of particle interaction and particle size distribution ［J］. J. of Appl. Polym. Sci. , 1993, 50：123 - 147.

［18］ RICHARD D S. A generalized model to predict the viscosity of solutions with suspended particles. IV. determination of optimum particle - by - particle volume fractions ［J］. J. of Appl. Polym. Sci. , 1994, 52：985 - 996.

［19］ 杨可喜，陶泽铭，王国娟. 复合固体推进剂药浆粘度的预估 ［J］. 推进技术，1985，6 (4)：19 - 23.

［20］ J K CHEN, J S HSU. 17th International Annual Conference of ICT. 38 - 1 - 18.

第 6 章　粒度级配

6.1　概述

　　复合固体推进剂是一种高固体含量颗粒填充体系，固体推进剂的加工和制造，需要推进剂的药浆具有适宜的流动流平性。实现这一目的的一条重要途径，就是对填料颗粒组分进行合理级配。在一定的体积分数下，推进剂配方通过粒度级配，使药浆粘度达到最低；或通过粒度级配，在具有一定粘度水平的可加工条件下，尽可能增加推进剂中的固体填料量，以提高推进剂的能量水平。例如，在复合固体推进剂研究中，常遇到某个配方体系已确定，即固体含量等设计已定，但药浆粘度尚高，需要设法降低药浆粘度才能满足装药要求；有时为满足更高能量要求，需增加配方设计中的固体含量，并要求药浆粘度不能增加太高，以便满足装药工艺要求。解决这些问题的方法有：加工艺助剂、调节增塑体系或选择粘合剂规格等。除此以外，采用优化推进剂的填料粒度级配，有时可收到意想不到的效果。

　　推进剂粒度级配，是为了改善推进剂药浆的流变特性，使推进剂制造时具有优良的工艺性能。针对推进剂的填料体系，粒度级配要解决各种组分颗粒的粒径和含量合理搭配的问题。这种对推进剂填料体系的各种粒径颗粒的搭配方法称为推进剂粒度级配，推进剂粒度级配可以理论设计，也可以经过摇实比重等方法进行实验选择。

　　粒度级配的设计，一般根据颗粒干床（a bed of dry particles）堆积原理，假设颗粒为均一粒径球形的情况下，在大颗粒空隙中填入比大颗粒小得多的第二种颗粒；在第二种颗粒的空隙中，又填入更小粒径的第三种颗粒，根据需要可依次进行下去。不同的粒度级配方法，可用不同的方法设计计算粒子间的填充，进行粒径和含量的搭配；或根据流动时大小颗粒间的滚动条件进行滚动粒度级配。除上述方法之外，本书提出了基于分形理论的推进剂分形粒度级配。

6.2　定值比级配

　　1931 年，Furnas 在处理灰浆和混凝土浆时，首次用数学模型描述了如何确定颗粒干床状态下，相应最大装填密度的颗粒级配[1]，认为这种最大装填密度下的粒度级配，可使制成的固液混合物体系粘度最小。Farris 于 1968 年确定了达到最小粘度的级配方法[2]，假定体系中大颗粒至小颗粒的粒度呈连续分布，然后用数学方法求出怎样的分布即级配为粒度分布最优化[3]，即 OPSD（Optimizing Particle Size Distribution）。

Furnas 和 Farris 采用不同的推理路线，得到了一个相同的计算 OPSD 的方程。即将小于某一直径（D）颗粒的累积百分数（CPP）表达成体系中最大颗粒直径（D_L）和最小颗粒直径（D_S）的函数

$$\frac{\mathrm{CCP}}{100} = \frac{D^n - D_S^n}{D_L^n - D_S^n} \tag{6-1}$$

这两种推理方法的区别在于计算和确定方程（6-1）中参数 n 的方法不同。

Furnas 设

$$n = \log_b r \tag{6-2}$$

其中

$$r = v^{-m_1/m_2}$$

式中　b——相邻级分粒度的粒径比，Furnas 取 $\sqrt{2}$，但认为任何一个大于 1 的值均可用；

v——均一粒径颗粒直径为 D_L 的大颗粒干床堆积空隙率；

m_2——采用的级配数，可以人为根据情况划分，例如 $D_L = D_S b^{m_2-1}$，实际知道 D_L、D_S 及 b 即可求出 m_2；

m_1——一个确定的数值，由下面的经验方程（6-3）计算得到。

$$\frac{V^{m_1}(\ln v)(1-v)}{[1-v^{m_1+1}(1-v^{m_1})]} = \frac{(2.62k^{1/m_1} - 3.24k^{2/m_1})\ln k}{(1.0 - 2.62k^{1/m_1} + 1.62k^{2/m_1})m_1^2} \tag{6-3}$$

其中

$$k = D_S/D_L$$

Farris 则用

$$n = \frac{\ln v_1}{\ln k} \tag{6-4}$$

式中　v_1——混合物中液体的体积分数。

一般已知最大颗粒直径 D_L，因常用已知筛孔的筛子过筛，除去筛上物，筛下物的最大颗粒直径 D_L 即是筛孔直径。最小颗粒直径很少有确定值，从理论上而言，应为零，则 k 也就为零，但这时 m_1 就不能求出。所以，一般取 1% 或 0.1% 的颗粒是小于某一直径的尺寸为 D_S。

若已知某填料体系所用颗粒的最大粒度直径为 D_L，最小粒度直径为 D_S，相邻级分粒径比为 b，最大粒径颗粒的均匀颗粒干床堆积空隙率为 v，就可计算出 n。根据 n 值，可用方程（6-1）求出任何粒径颗粒的百分数。例如，要进行不同粒度的级配，可经过计算该粒度级分的颗粒累积百分数，再计算其所需加入的质量。当要对粉碎颗粒的生产过程进行控制时，则可通过测定某一粒径颗粒的累积百分数，并和计算值相比，看是否已满足 OPSD 要求。

Erisken[4] 在研究 HTPB 固体推进剂流变性时，采用的粒度级配设计思路，改进了 Furnas 法中 r 的求法，然后求最佳粒度分布 OPSD，并和实际粒度分布比较，进行调整级配设计。设计中考虑了固体推进剂中多级分固体的不等比粒径和每种级分粒径呈一定分布

的实际情况。

基于 Furnas 理论的推进剂粒度级配模型，在计算 r 值时，设推进剂所用的填料级配数 n 和填料平均空隙率间呈如下关系

$$r^{\left(\frac{m-1}{n-1}\right)} = \frac{1}{v} \text{ 或 } r = \frac{1}{v^{\left(\frac{n-1}{m-1}\right)}} \tag{6-5}$$

式中　n ——级配数，如二级配、三级配或更多级配；

　　　m ——相邻两种筛分的直径比为 1.21 时，所需的筛子数；

　　　v ——各级分空隙率组成的平均空隙率（各级分颗粒干床堆积空隙率由离心法测定）。

例如，已知推进剂填料体系的最小粒径 D_S 和最大粒径 D_L，并规定相邻级分的粒径比，计算从 $D_S \rightarrow D_L$ 所需划分粒度的档次数 m 及每个档次的粒径 $D_1, D_2, \cdots, D_m$。

知道 r，可按 Furnas 理论求解 n

$$r = \log_b n \tag{6-6}$$

b 为体系中相邻级分的粒径比，这里取 1.21（Furnas 取 1.41，并认为取大于 1 的数均可）。然后根据

$$\frac{CCP}{100} = \frac{D^n - D_S^n}{D_L^n - D_S^n} \tag{6-7}$$

可得小于每一档次粒径的累积百分数 $O(D_1), O(D_2), \cdots, O(D_m)$。

实际推进剂填料各级分的粒径会呈一定的分布，也可知道每种级分中颗粒小于某一粒径的累积百分数。将各级分中小于某一粒径的累积百分数，乘以该级分在总固体中的体积分数，然后加和，可得推进剂填料体系中小于某一粒径的累积百分数 $F(D_1), F(D_2), \cdots, F(D_m)$，即

$$F(D) = \sum_{n=1} X_n F_n(D) \tag{6-8}$$

式中　X_n —— n 号级分占填料体系的体积分数。

已知 $O(D)$、$F(D)$，可得小于每个档次粒径下，按 Furnas 最佳级配的累积百分数与实际级配的累积百分数的差平方，再将每个档次粒径下的差平方加和，得

$$S = \sum_1^m \left[F(D_m) - O(D_m)\right]^2 \quad m = 1, 2, \cdots, m \text{ 正整数} \tag{6-9}$$

将式（6-9）分别对 X_n 偏微分，假设结果为零，解联立方程

$$\frac{\partial S}{\partial X_1} = 0, \frac{\partial S}{\partial X_2} = 0, \cdots, \frac{\partial S}{\partial X_n} = 0$$

可得与理论级配最接近的各组分级配。

也可对每个要进行级配设计的配方，分别计算出相应的 $O(D_1), O(D_2), \cdots, O(D_m)$ 和 $F(D_1), F(D_2), \cdots, F(D_m)$，并将结果绘于同一图中。根据图中某一粒径范围下的 $F(D)$ 与 $O(D)$ 的偏离，增加或减少某粒径范围的粒子量，达到配方的最佳级配设计。若两条曲线在整个粒度范围内都比较接近，则说明配方的级配设计比较合理。

6.3　平均空隙率与最大装填分数级配

杨可喜根据固体填料密实堆积原理，经计算多组分固体颗粒混合物的平均空隙率，预估最大固体填充体积分数 ϕ_m，进行推进剂填料体系的粒度级配[5-6]。

通过对试验结果的处理，得到推进剂药浆粘度与推进剂固体填料体积分数和该体积分数下的最大可装填体积分数间有如下关系[7]

$$\eta = \eta_0 \left[1 + \frac{A\phi^2 \phi_m}{\phi_m - \phi} \right] \tag{6-10}$$

式中　η——推进剂药浆粘度；

　　　η_0——推进剂粘合剂体系粘度；

　　　ϕ——固体填料体积分数；

　　　ϕ_m——单位体积中最大可装填固体填料体积分数；

　　　A——配方体系特征常数。

当 ϕ 一定时，不同粒度级配可使最大装填分数 ϕ_m 发生变化。由式（6-10）可知，ϕ_m 值越大，$\frac{\phi^2 \phi_m}{\phi_m - \phi}$ 值越小，η 也越小，也就是说工艺性能越好，不同级配下的 ϕ_m 越大，级配越合理。

据此，对 ϕ 一定的体系，经计算不同级配下的 ϕ_m，就可完成 ϕ 体系配方的粒度级配设计。推进剂固体填料体积分数由配方设计决定，进行粒度级配，首先需计算填料级配后的最大装填分数，最大装填分数 ϕ_m 与平均空隙率的关系为

$$\phi_m = 1 - \overline{\varepsilon} \tag{6-11}$$

式中　$\overline{\varepsilon}$——平均空隙率。

按最密实堆积原理，在单位体积中堆满大颗粒，在大颗粒空隙中填入颗粒比大颗粒小得多的第二种粒子；当第二种粒子充满大颗粒的空隙后，总体积没有增加；继续以粒径比第二种粒子小得多的第三种粒子充满第二种粒子的空隙，总体积仍未增加；接着依次填入更细的粒子，使单位体积填充量最大。此时最密实堆积的 ϕ_m 为

$$\phi_m = \frac{1 - \varepsilon_1}{\left[1 + \left(\sum\limits_{i=1}^{n} \prod\limits_{j=1}^{i} \varepsilon_j \right) \left(2.62 k^{\frac{1}{n}} - 1.62 k^{\frac{2}{n}} \right) \right] \phi_{01}} \tag{6-12}$$

式中　k——最小粒径与最大粒径比；

　　　ϕ_{01}——最密实堆积时第一级分的体积分数；

　　　2.62，1.62——Furnas 常数。

其中粒径比 k 的假设条件：

1）颗粒为球形粒子；

2）各相邻级分颗粒直径间呈下式所示的等比关系

$$\frac{d_2}{d_1} = \frac{d_3}{d_2} = \cdots = \frac{d_{n+1}}{d_n} = k^{\frac{1}{n}} \tag{6-13}$$

其中

$$k = \frac{d_{n+1}}{d_1}$$

式中　　n——填入大颗粒中的级分数。

最密实堆积时各级分的体积分数 ϕ_{0i} 为

$$\phi_{0i} = \frac{(1-\varepsilon_i)\prod_{j=1}^{i-1}\varepsilon_j}{1+\prod_{i=1}^{n+1}\varepsilon_i} \qquad (6-14)$$

推进剂研制初期的途径探索，根据推进剂的性能要求，确定填料品种及填料的最小和最大粒度粒径，填料组分的其他粒度粒径若允许任意选择，根据上述关系，就可确定级配的级分数和每一级分的体积分数，继而求出每一级分的质量分数，完成对推进剂的级配设计。

很多情况是推进剂固体含量已定，级分数及某些级分已定，如铝粉、细 AP 含量已定，只是调整其余级分的级配。这时需分多种情况，从大颗粒到小颗粒，从双模堆积填充模式开始，逐级递进，计算级配的最大装填体积分数。

双模级配有两种堆积方式，当大的和小的级分的实际体积分数分别为 ϕ_1、ϕ_2，这时存在两种情形，一种是设计的大颗粒体积分数 ϕ_1 小于最密实堆积体积分数 ϕ_{01}，最密实堆积后，小颗粒级分多余；另一种是 ϕ_1 大于 ϕ_{01}，密实堆积后，大颗粒级分多余。每种情况下最大装填体积分数计算如下。

$\phi_1 < \phi_{01}$

$$\phi_m = 1 - [\phi_1\varepsilon_m + (\phi_{01}\phi_2 - \phi_{02}\phi_1)\varepsilon_2]/\phi_{01} \qquad (6-15)$$

$\phi_1 > \phi_{01}$

$$\phi_m = 1 - [\phi_2\varepsilon_m + (\phi_{02}\phi_1 - \phi_{01}\phi_2)\varepsilon_1]/\phi_{02} \qquad (6-16)$$

式中　　ϕ_1,ϕ_2——设计的第一、二级分的体积分数；
　　　　ϕ_{01},ϕ_{02}——最密实堆积时第一、二级分的体积分数；
　　　　ε_m——最密实堆积时的空隙率，其计算式为

$$\varepsilon_m = 1 - \frac{1-\varepsilon_1}{[1+\varepsilon_1(2.62k-1.62k^2)]/\phi_{01}} \qquad (6-17)$$

其中

$$k = \frac{d_2}{d_1}$$

随级配模数增加，堆积方式也增加。三模级配时，根据每种级分体积分数 ϕ_1、ϕ_2、ϕ_3 的变动，可存在六种堆积方式；若体系为四模级配，则有二十四种堆积方式；若级配模数更多，则堆积方式的种类数增加更多。这时按如图 6-1 流程图的程序确定堆积方式及计算 ϕ_m。

三模级配时的平均空隙率 $\bar{\varepsilon}$ 等于每步计算体积分数 V_{ci} 与相应空隙率乘积的和，即

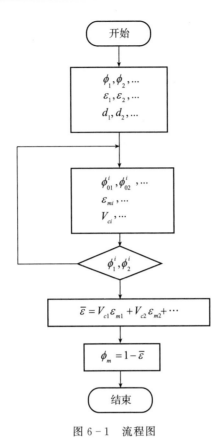

图 6-1　流程图

V_{c1} ——同一种堆积方式下，依次双组分最佳级配时的体积分数；

ϕ_{b1}，ϕ_{b2} ——前次级配后，其余组分最佳级配时的体积分数。

$$\bar{\varepsilon} = V_{c1}\varepsilon_{m1} + V_{c2}\varepsilon_{m2} + V_{c3}\varepsilon_{m3} \qquad (6-18)$$

已知平均空隙率，就可按式（6-11），计算最大堆积分数 ϕ_m。

究竟采取何种堆积方式，要经逐步试探计算判断。

因为理论上具有最大装填分数的级配设计，预示推进剂药浆会有较低的粘度和其他各项较为合理优越的性能。可以根据各种条件下计算所得的最大装填分数，选择调整配方的级配模数、某个级分的合理体积分数及至投料的质量分数，完成对推进剂配方填料的粒度级配设计。

6.4　最紧密堆积粒度级配

Carvalheira 根据颗粒最紧密堆积模型，各级分粒径关系和各粒径级分的最大体积分数，计算最大可允许设计固体装填分数，进行粒度级配设计[8]。

根据药浆可浇的粘度标准和粘合剂体系粘度，若知道最大粒径级分的直径和拟采用的级配数，即可计算其余级分所需采用的粒径，及各级分的质量分数。

颗粒紧密堆积时，有两种物理模型：一种为面心立方体堆积，也称三角形或四面体堆积；另一种是体心六面体堆积。这两种堆积模型又都有三种类型空隙，即八面体空隙、四面体空隙和三角形空隙。

假定最大颗粒直径为 D_1，紧密堆积下，则填充由大到小各种类型空隙所需粒子的粒径与最大颗粒的粒径间有以下关系：

填充八面体空隙的粒子直径为 D_2

$$D_2 = (\sqrt{2} - 1)D_1 = 0.414\,21D_1 \qquad\qquad (6-19)$$

填充四面体空隙的粒子直径为 D_3

$$D_3 = \left(\frac{1}{\cos35.264\,4°} - 1\right)D_1 = 0.224\,74D_1 \qquad (6-20)$$

填充三角形空隙的粒子直径为 D_4

$$D_4 = \left(\frac{1}{\cos30°} - 1\right)D_1 = 0.154\,70D_1 \qquad\qquad (6-21)$$

由以上三式可见，填充最大颗粒堆积的各种粒子直径，与最大粒子的粒径 D_1 间呈确定的关系。按填充的八面体空隙、四面体空隙、三角形空隙，粒径依次变小，所占总体系的体积分数间具有固定的比例值。对每个最大直径颗粒的堆积，相当于有一个八面体空隙、两个四面体空隙和五个三角形空隙，分别由 D_2、D_3、D_4 直径的粒子填充。这样，在总体积中，最大粒径颗粒所占的最大体积分数为

$$\frac{V_{1.\,max}}{V} = \frac{\pi\dfrac{D_1^3}{6}}{D_1^3\sin54.735\,6°\cos30°} = 0.740\,48 \qquad\qquad (6-22)$$

在一个八面体空隙中，由 D_2 粒子填充的最大体积分数为

$$\frac{V_{2.\,max}}{V} = \frac{\dfrac{\pi(0.414\,21D_1)^3}{6}}{D_1^3\sin54.735\,6°\cos30°} = \frac{\pi0.414\,21^3}{6\times\sin54.735\,6°\cos30°} = 0.052\,623 \quad (6-23)$$

在两个四面体空隙中，由 D_3 粒子填充的最大体积分数

$$\frac{V_{3.\,max}}{V} = 2\frac{\dfrac{\pi(0.224\,74D_1)^3}{6}}{D_1^3\sin54.735\,6°\cos30°} = 2\frac{\pi(0.224\,74)^3}{6\times\sin54.735\,6°\cos30°} = 0.016\,811 \quad (6-24)$$

在五个三角形空隙中，由 D_4 粒子可填充的最大体积分数

$$\frac{V_{4.\,max}}{V} = 5\frac{\dfrac{\pi(0.154\,70D_1)^3}{6}}{D_1^3\sin54.735\,6°\cos30°} = 5\frac{\pi(0.154\,70)^3}{\sin54.735\,6°\cos30°} = 0.013\,707 \quad (6-25)$$

余下的空隙可以填充粘合剂，也可填充更小粒径的粒子。一般假设这种粒子为：$D_5 = 0.1D_4 = 0.01547D_1$。

理论上讲，余下空隙的最大装填分数可为 $f_{V_{5.\,max}} = 0.74$。由于不易精确计算，谨慎起见，常取比较保守的装填系数 $f_{V_5} = 0.25$ 来计算，得

$$\frac{V_{5.\,max}}{V} = f_{V_5}\left[1 - \left(\frac{V_{1.\,max}}{V} + \frac{V_{2.\,max}}{V} + \frac{V_{3.\,max}}{V} + \frac{V_{4.\,max}}{V}\right)\right] \qquad (6-26)$$

设推进剂有 m 种固体颗粒组分（如 AP、Al、HMX 三种），采用 n 种粒径堆积模式即 n 种级配（如 D_1，D_2，D_3，D_4，D_5，…），则 m 种固体颗粒组分中 j 种组分的总体积分数为 $\dfrac{V_j}{V}$，设 j 种组分中粒径为 D_i 的粒子体积分数为 $\dfrac{V_{ij}}{V}$，则

$$\frac{V_j}{V} = \sum_{i=1}^{n} \frac{V_{ij}}{V} \tag{6-27}$$

m 种组分中 D_i 粒径的总体积分数为

$$\frac{V_i}{V} = \sum_{j=1}^{m} \frac{V_{ij}}{V} \tag{6-28}$$

$\dfrac{V_i}{V}$ 只能小于或等于 i 级分的最大体积分数 $\dfrac{V_{i.\max}}{V}$。

总固体体积分数为

$$\frac{V_P}{V} = \sum_{i=1}^{n} \sum_{j=1}^{m} \frac{V_{ij}}{V} \tag{6-29}$$

粘合剂体积分数为 1 减去固体的体积分数

$$\frac{V_b}{V} = 1 - \frac{V_P}{V} \tag{6-30}$$

根据以上各式，可得各模级配下的理论最大装填体积分数，见表 6-1。

表 6-1　紧密堆积下最大装填体积分数

D_i/D	1.000 0	0.414 21	0.224 74	0.154 7	—	—	—
%	$\dfrac{V_1}{V}$	$\dfrac{V_2}{V}$	$\dfrac{V_3}{V}$	$\dfrac{V_4}{V}$	$\dfrac{V_5}{V}$	$\dfrac{V_b}{V}$	$\dfrac{V_S}{V}$
单级配	74.048	0	0	0	0	25.952	74.048
双级配	74.048	5.262	0	0	0	20.690	79.310
三级配	74.048	5.262	1.681	0	0	19.009	80.991
四级配	74.048	5.262	1.681	1.371	0	17.638	82.362
五级配 $f_{V_5}=0.25$	74.048	5.262	1.681	1.371	4.409	13.229	86.771
五级配 $f_{V_5}=0.49$	74.048	5.262	1.681	1.371	8.643	8.995	91.005
五级配 $f_{V_5}=0.74$	74.048	5.262	1.681	1.371	13.052	4.586	95.414

要计算各组分及各级分粒度的质量分数，需要用推进剂及各组分的密度进行换算。

推进剂的密度为

$$\rho_P = \rho_b \frac{V_b}{V} + \sum_{j=1}^{m} \rho_j \sum_{i=1}^{n} \frac{V_{ij}}{V} \tag{6-31}$$

组分 j 中粒径为 D_i 的粒子所占质量分数为

$$X_{ij} = \frac{\rho_j \dfrac{V_{ij}}{V}}{\rho_P} \tag{6-32}$$

组分 j 所占质量分数为

$$X_j = \sum_{i=1}^{n} X_{ij} \qquad (6-33)$$

总固体组分质量分数为

$$X_P = \sum_{i=1}^{n} \sum_{j=1}^{m} X_{ij} \qquad (6-34)$$

粘合剂质量分数为

$$X_b = \frac{\rho_b \dfrac{V_b}{V}}{\rho_P} \qquad (6-35)$$

Carvalheira 等用式（6-36）与最大可装填体积分数联系起来

$$\frac{\eta_P}{\eta_b} = \exp\left[-kV_{s.\max}\ln\left(1 - \frac{V_s}{V_{s.\max}}\right)\right] \qquad (6-36)$$

式中　V_s ——最大可能装填体积分数；

　　　　$V_{s.\max}$ ——理论最大装填体积分数（查表 6-1）。

若所有颗粒为球形，则式中 $k=2.5$。

将 $\dfrac{V_s}{V_{s.\max}}$ 乘以 n 种级配下的最大体积分数 $V_{s.\max}$，就可算出 V_s。

在配方设计前，要设定推进剂药浆可浇的最大允许粘度值 η_P，粘合剂体系的粘度 η_b、密度 ρ_b，确定采用的固体组分品种、最大粒径、级配模数。求出各最大可装填体积分数，据此可对推进剂填料体系进行粒度级配设计和调整。

6.5　滚动级配

肖杨华为了全面地反映推进剂药浆的流动特性，提出了推进剂的滚动级配[9]。他认为，一个流动的颗粒体系包含两方面的物理特性，颗粒单纯的空间堆积即静态特性和颗粒运动的加速度即动态特性。最紧密排列理论基于颗粒运动的静态特性，并未考虑颗粒运动的动态特性。

滚动级配的物理模型，假定向一对相邻的大颗粒施加一对剪切应力，两颗粒发生相对位移，此时摩擦力较大。若在两大颗粒间加上一层小颗粒，再施加一对同样的剪切应力时，大颗粒间的相对位移就变成滚动为主，摩擦阻力大大变小。若在小颗粒间再夹进一层更小的微颗粒，照此一层一层地夹进去，组成体系的全部颗粒将都能被滚动起来，这样的体系必然具有很好的流动性。如是推进剂药浆，粘度也将变得很低，从大到小的每一层颗粒即是体系的一个级分。基于以上颗粒滚动的设想，进一步研究推进剂填料体系中各级分颗粒间的合理搭配，称为推进剂滚动级配。

依据小颗粒使大颗粒滚动的条件，推进剂填料体系级配时，所用的颗粒要求满足两个条件：一是要有最佳的相邻级分颗粒的粒径比，二是最佳的相邻级分颗粒的体积比。知道级分颗粒的体积比及各级分密度，就可计算出级分间的质量比，完成配方的级配设计。

对于颗粒滚动的条件，设定如下：

1）单一直径颗粒按正四面体和正六面体两种模式堆积成空间结构；

2）全部颗粒视作球体，同级分的颗粒视作等径球体；

3）平均粒径按单峰颗粒的沉降粒径 d_{50} 计；

4）颗粒分级：当粒径比例 $\gamma \leqslant 2.42$ 时为同一级；当粒径比例 $16 \geqslant \gamma > 2.42$ 时为相邻级；当粒径比例 $\gamma > 16$ 时为相间级。

（1）求相邻级分最佳粒径比

求相邻级分最佳粒径比，首先要确定粒径比的上限和粒径比的下限。

①粒径比的上限

粒径比为大颗粒直径与相邻级分的小颗粒直径的比，$\gamma = d_{大}/d_{小}$。大级分粒径确定后，相邻小级分粒径越小，粒径比越大。求粒径比的上限，即是求相邻级分小颗粒粒径的最小限。根据滚动和势能因素考虑，取粒径比相等的无穷级配作维持滚动的必要条件，即

$$\operatorname*{Limit}_{n \to \infty}(R + R^2 + R^3 + \cdots + R^n) \geqslant 0.259\,5 \tag{6-37}$$

式中 R——体积比，得 $R \geqslant 0.206$。

再根据体积比 R 与粒径比 γ 的对应关系理论，得 $\gamma \leqslant 10$。这样得滚动级配理论的相邻粒径比的上限为 10。

②粒径比的下限

根据小颗粒的最大直径应尽可能不因为小颗粒的插入而改变原来大颗粒的排列方式，单一球体正四面体和正六面体两种堆积方式，最紧和最松排列的粒径比分别为 6.40 和 2.42，则自然排列的粒径比按空隙度恒定假设，取最松与最紧的黄金分割值，得 $\gamma_{自} = 4.0$，所以相邻级分最佳粒径比的下限为 4.0。

③最佳粒径比

由以上分析得最佳粒径比的范围为

$$\gamma_{自} = 4.0 \sim 10 \tag{6-38}$$

粒径比的最佳值应为上限与下限的几何平均值

$$\gamma_{自} = (4 \times 10)^{\frac{1}{2}} = 6.32 \tag{6-39}$$

④三级配以上最佳粒径比

三级配以上且粒径比例不相等的颗粒体系，不同级别的颗粒可能存在一定的混级现象，各级平均粒径比例要相应提高，认为平均粒径比例 $\bar{\gamma}$ 要向最佳中值移动，得

$$\bar{\gamma} = \left(\prod_{i}^{n} \gamma_{i}\right)^{\frac{1}{n}} \geqslant (4 \times 6.32)^{\frac{1}{2}} = 5.0 \tag{6-40}$$

（2）求相邻粒径颗粒的最佳体积比

根据颗粒滚动论，每个大颗粒必须配最佳数量的小颗粒，方能保持颗粒体系时刻处于滚动状态。所以计算相邻级分颗粒的最佳体积比，首先要计算相邻级分的最佳大小颗粒数量比，然后转化成最佳大小颗粒的体积比，过程如下：

① 小颗粒的最少数量 N_c

设在自然排列的情况下，最少排列小颗粒的配位数量 N_c 与无规排列的空隙度 ε 有关，得

$$N_c \approx \pi/\varepsilon \tag{6-41}$$

式中，π 为圆周率，$\varepsilon = 0.393\,5$。

得自然排列下每个大颗粒需小颗粒的最少数量 $N_c = 8$。

② 小颗粒的最多数量 N_{max}

小颗粒的最多数量 N_{max} 应等于按二维空隙度恒定原则，在大颗粒球表面排列一层小颗粒的总数减去共用粒子数的一半，得

$$N_{max} = 1.054\pi(1+\gamma_0)^2\left(2\cos\frac{\beta}{2}-1\right) \tag{6-42}$$

③ 小粒子的最佳数量 N_s

设小粒子的最佳数量应介于 N_{max} 与 N_c 之间，经变换简化得

$$N_s = \pi(1+\gamma_0)^2\left(1.7\cos\frac{\beta}{2}-1\right) \tag{6-43}$$

④ 小粒子与大粒子最佳体积比 R

$$R = \pi(1+\gamma_0)^2\left(1.7\cos\frac{\beta}{2}-1\right)/\gamma^3 \tag{6-44}$$

式中　γ ——无液体吸附层颗粒的大球与相邻级分小球直径之比；

　　　γ_0——有液体吸附层颗粒的大球与相邻级分小球直径之比，等于 0.97γ；

　　　β ——共用粒子锥角度，$\beta = 2\arctan[\gamma_0/2(1+\gamma_0)]$。

（3）求最佳质量比

由相邻粒径级分的最佳体积比和颗粒材料密度，就可计算最佳质量比，完成推进剂填料的粒度级配设计。

肖杨华总结归纳了研制过程中 20 个配方的实验结果，发现混合粒径比和体积含量比同时满足或接近最佳比例条件者，药浆起始粘度将最低[9]。

6.6　分形级配

推进剂体系具有如下特征：使用的固体颗粒有品种、形状、粒径、粒度分布、表面性质的不同，同时也只有有限的几种特定的粒度级分；使用的液体介质为具有较高粘性的高分子聚合物，其中若干组分可能和固体组分还有一些物理或化学的作用。推进剂的粒度级配，就是要在这样的一种特定体系中，将各种颗粒填料经混合过程，均匀分布于粘性的高分子粘合剂体系中，制成有很好流动流平性的推进剂药浆，这是一个随机和具有很多不确定性的复杂动态过程，显然，推进剂的粒度级配在紧密堆积基础上，还兼具有复杂性和动态性两大特征。基于这样的特点，提出了一种新的级配方法，即固体颗粒的分形级配。

6.6.1　原理的提出

分形是一种描述复杂体系的新颖理论[10-11]，本质是自相似性。美国的曼德布罗特（Benoit B. Mandelbrot）于 1975 年创立了分形这个新名词，采用"分维数"（Fractal dimention）这个特定量来描述分形，这就使人们有可能对一些复杂体系进行定量表征。人们已发现岩石破碎及一些粉体的粒度分布呈分形分布特征[12-13]，而推进剂填料 AP、HMX、RDX、Al 的粒度分布也均符合分形分布特征[14]。下面来探讨分析粉碎、喷射雾化的成粒过程，为什么颗粒产品粒径会呈分形分布特征？一般认为这是一种能量平衡和分布的结果。在粉碎成粒过程中，粉碎设备通过冲击、剪切、挤压、碰撞等提供能量，原材料则接收能量粉碎成小颗粒，所得产品颗粒特征，既与生产用原材料品种、形状、大小、结构强度等物性有关；也与设备的原理、大小及粉碎的压力、气流速度、进料量等工艺条件有关。显然在粉碎过程中，存在一种原材料结构强度承受外界力的能力和受力分布与外界施于原材料上各种能量之间的平衡，结果所得产品就成了具有与之条件相匹配的颗粒分布。任一条件的变化，都将引起新的平衡和分布，结果使产品的颗粒特征参数发生变化，但粉碎过程中体系的能量平衡和分布这一原理不变，所以粉碎颗粒的粒度分布均呈分形分布特征，仅分维数有差别。

基于这样的设想，粉碎过程是由整体或大的原材料经外界输入能量粉碎形成分形分布特征的小颗粒，这是一个由大到小或由整体到分散的过程。而推进剂制备是由分散的小颗粒在粘合剂的液体体系中经混合过程的能量输入，制成推进剂药浆，这是一个由小到大或由分散到整体的过程。综上所述，推进剂制备与粉碎是一个互为相反的过程，都具有能量平衡和复杂的动态特性。既然粉碎成的小颗粒具有分形分布的特征，那么在推进剂中，填料组分也应以分形分布特征的状态加入，这样混合制成的推进剂也会处于很好的合理状态。

根据复杂体系中存在动态的能量平衡和分布的原理，依据推进剂填料分形级配理论，将填料颗粒按分形分布特征进行级配，用级配后的分维数定量表征级配特征。推进剂填料粒度的分形级配过程，一是研究填料体系与分形分布的符合性，二是确定推进剂合适级配的分维数范围，使推进剂的工艺性能及其他有关性能得到优化。

6.6.2　理论推导

6.6.2.1　分形的分维数

根据分形维数的盒子计算法[15]，如要考察某一区域，用大小为 γ 的盒去覆盖，所需盒子的最小数目为 $N(\gamma)$，改变 γ 的大小，则存在某值 D，并符合以下关系

$$N(\gamma) \propto \gamma^{-D} \tag{6-45}$$

则考察区域的分维数为 D。

6.6.2.2　填料粒度分布的分维数

如果填料的粒度分布具有分形特征[12]，则

$$Y_n(x) \propto - x^{-D} \tag{6-46}$$

式中　$Y_n(x)$——小于粒径 x 的粒子总数/系统总粒子数；

　　　D——粒子分布分维数。

　　将式（6-46）两边对 x 微分得

$$dY_n(x) \propto x^{-1-D} dx \tag{6-47}$$

　　设 dN 为粒径在 $x \sim x+dx$ 之间的粒子数，则

$$dN = N dY_n(x) \tag{6-48}$$

式中　N——系统中的总粒子数。

$$dW = \rho K_V x^3 N dY_n(x) \tag{6-49}$$

式中　ρ——粉体比重，并设粉体各级分比重相等；

　　　dW——粒径在 $x \sim x+dx$ 之间的粒子重量；

　　　K_V——粒子体积形状因子。

　　dW 也可直接写成

$$dW = W dY_W(x) \tag{6-50}$$

式中　W——系统粒子总重量；

　　　$Y_W(x)$——小于粒径 x 的粒子总重量/系统粒子总重量。

　　由式（6-49）和式（6-50）得

$$dY_W(x) = \rho (K_V/W) x^3 N dY_n(x) \tag{6-51}$$

　　将式（6-47）代入式（6-51）得

$$dY_W(x) \propto x^{2-D} dx \tag{6-52}$$

　　两边积分得

$$Y_W(x) \propto x^{3-D} \tag{6-53}$$

　　如果填料体系的粒度分布满足

$$Y_W(x) \propto x^b \tag{6-54}$$

表明粒度分布具有分形分布特征。对式（6-54）两边取对数，得斜率 b，所以粒度分布的分维数为

$$D = 3 - b \tag{6-55}$$

6.6.3　推进剂分形级配

6.6.3.1　级配计算

　　设进行级配的推进剂填料系统，共有 n 个级分，则每个级分占填料的质量百分数为

$$x_i = \frac{W_i}{\sum_{i=1}^{n} W_i} \tag{6-56}$$

　　将整个填料体系的粒度从小到大任意取 $d_j (j=1, 2, \cdots, m)$，共 m 个粒径，则

$$W(d_j) = \sum_{i=1}^{n} x_i W_i(d_j) \tag{6-57}$$

式中　　$W_i(d_j)$ —— i 级分中小于粒径 d_j 的粒子占 i 级分的质量百分数；

　　　　$x_i W_i(d_j)$ —— i 级分中小于粒径 d_j 的粒子占总填料的质量百分数；

　　　　$W(d_j)$ —— 填料体系中小于粒径 d_j 的粒子占总填料的质量百分数。

由式（6-54）知，若推进剂填料系统符合分形分布，则

$$W(d_j) \propto d_j^b, \quad j = 1, 2, \cdots, m \qquad (6-58)$$

两边取对数，得斜率 b，根据式（6-55）可得填料级配的分维数。

这种按质量百分数进行级配的方法，在称料时按重量分数进行，可称为重量分形级配。它适于 AP 级分间的级配，或 AP 和密度相当的 HMX 或 RDX 体系的级配。

若推进剂填料系统要将 AP 和 Al 一起计算，由于两者间密度差异较大，则可以按体积百分数进行级配，此种处理称为体积分形级配。这时可设 x_i 为每个级分占填料的体积百分数，分别算出每个级分中小于粒径 d_j 的粒子占总填料的体积百分数，和填料体系中小于粒径 d_j 的粒子占总填料的体积百分数。仿照式（6-58）进行处理，确定填料体系与分形的符合性，并求得填料体积级配体系的分维数。

由此推导可知，推进剂分形粒度级配过程即是研究推进剂填料系统与式（6-54）的符合性。将式（6-54）两边取对数，相关系数越大，符合性越好，说明填料系统越接近分形分布。其次是确定合适的分维数 D，当然，一般分维数大的要比小的好，但并非越大越好。因为是将推进剂中有限的填料组分进行级配，所以要在综合评估填料体系分形的符合性和分维数的基础上，进行粒度级配设计。

6.6.3.2　级配特点

粒度级配设计主要依据的是粒径的匹配，理想的粒度最好是球形状态。推进剂填料的粒度体系除有不同粒径外还有 AP、Al、HMX、RDX、CL-20 等不同品种和不同密度，球形和非球形，表面活性和惰性的差异，这些都可能使粒度级配时偏离理想状态，这就是推进剂填料体系组成的复杂性。AP 是推进剂填料的主要部分，占比一般在四分之三以上，除细 AP 以外均球形化；Al 粉含量也不少，除超细 Al 粉外都为球形，整个推进剂填料体系以 AP 和 Al 的球形粒度为主。

推进剂填料体系设计时，一般铝粉含量由推进剂需要的能量水平决定，细 AP 含量则由燃烧性能的要求确定。目前常用的 AP 只有 Ⅰ、Ⅱ、Ⅲ、Ⅳ 类四种粒度级分，铝粉有 Al/球$_1$、Al/球$_2$、Al/球$_3$。配方一经确定，通常铝粉、细 AP 含量也就基本确定。因改善工艺要求，可调的粒度级配就只有 Ⅰ、Ⅱ、Ⅲ 类 AP 或铝粉的三种粒度。所以用分形级配对推进剂进行粒度级配设计，一般分别在固定细 AP 含量及铝粉品种和含量下进行。

推进剂氧化剂和铝粉等粒度是按标准进行筛析，将粒度分域，根据筛孔所对应粒径及筛上物质量，可得小于某一粒径的累积质量百分数。标准规定了粒径档及小于各档粒径需达到的累积质量百分数，分析结果是各域质量含量。这就可直接使用测定的数据，按质量百分数进行分形级配。它适于 AP 级分间的级配或和 AP 密度相当的 HMX 或 RDX 体系的级配。当配方使用一些不常用的或新型填料时，要先进行粒度测试，获得各域累积质量百分数的粒度分布。

6.6.3.3　级配规律

（1）AP 和 Al

AP 和 Al 的密度有差异，由它们组成推进剂的二元填料体系，设计计算理应用体积分形级配。由于推进剂 AP 和 Al 的粒度测定，一般均用质量百分来表示，若忽略两者密度的不同，将其归于分形的复杂因素之一，直接用测定的质量百分的结果进行重量分形级配，将简化分形级配的计算过程。图 6-2 和图 6-3 比较了 AP 和 AP＋Al 用重量分形级配进行计算的结果，视对分形的符合性和分维数的影响，验证设想的可行性。

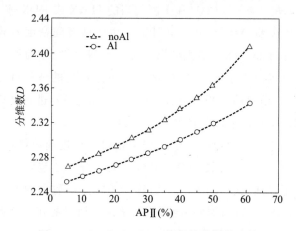

图 6-2　AP 和 AP＋Al 体系的分维数比较

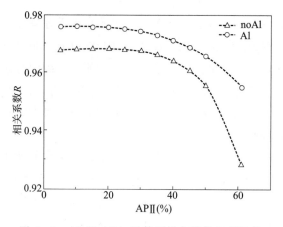

图 6-3　AP 和 AP＋Al 体系的分形的 R 值比较

由图 6-2 和图 6-3 可见，AP 和 AP＋Al 两个体系的分维数和表示符合性的相关系数的变化，均呈平行状，说明影响规律相同，仅数值发生了平移，不影响设计的判断。图 6-3 中 AP＋Al 体系的相关系数曲线位于上部，表明 AP＋Al 体系比单独的 AP 更符合分形分布特征。这说明忽略 Al 和 AP 的密度差异，将其归于分形的复杂因素，直接利用推进剂标准规定的粒度筛分结果，对整个推进剂填料体系用重量分形级配进行设计是可行的。

（2）不同粒径范围

AP 粒度级分有Ⅰ、Ⅱ、Ⅲ、Ⅳ类四种，采用不同的组合，推进剂填料体系的粒径范围就有大小不同的差异。用 HTPB/TDI 体系，在相同的 APⅣ、Al 含量下，AP 采用二级配，体系的粒径范围为Ⅰ：Ⅳ＞Ⅱ：Ⅳ＞Ⅲ：Ⅳ。表 6-2 列出了不同粒径范围对分形参数和工艺性能的影响，用相同的工艺制备推进剂样品，测定混合完毕药浆的屈服值和 $1 \ s^{-1}$ 下表观粘度及相同剪切速率范围下的假塑性指数。以第Ⅲ组为例，其粒度范围与分形特性和工艺性能的关系如图 6-4 所示。

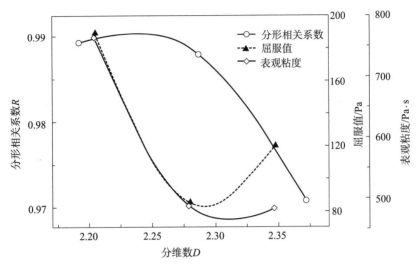

图 6-4　粒度范围与分形特性和工艺性能

从表 6-2 可见，各组级配设计中，当推进剂填料粒度范围变宽，体系的粒度分维数明显变大，分形相关系数稍有下降但均大于 0.95，可以说仍呈强相关关系。药浆屈服值和表观粘度降低，假塑性指数增加，表现为流变性能得到改善，有利于药浆的工艺性能。以上规律在不同细 AP 含量、不同铝粉规格等条件下均成立，说明具有一定普适性。这一规律也告诉人们，在推进剂其他性能如燃速、力学等性能满足要求的前提下，填料体系的级配设计，粒度范围以宽者为好。

表 6-2　不同粒径范围对分形参数和工艺性能的影响

组别	特点	AP 级配（%）				分形参数		工艺性能		
		Ⅰ	Ⅱ	Ⅲ	Ⅳ	D	R	τ_y/Pa	η_a/Pa·s	n
Ⅰ	Al/球₃	—	—	61	8.5	2.229	0.971 9	144.1	861.7	0.75
		—	61	—	8.5	2.328	0.958 5	89.3	675.4	0.81
Ⅱ	Al/球₃	—	—	57.5	12.0	2.290	0.971 2	121.5	955.9	0.70
		—	57.5	—	12.0	2.382	0.956 6	70.8	663.9	0.87

续表

组别	特点	AP 级配（%）				分形参数		工艺性能		
		Ⅰ	Ⅱ	Ⅲ	Ⅳ	D	R	τ_y/Pa	$\eta_a/\text{Pa·s}$	n
Ⅲ	Al/球₁	—	—	61	8.5	2.193	0.989 4	191.1	763.5	0.76
		—	61	—	8.5	2.287	0.988 0	85.5	487.4	0.83
		61	—	—	8.5	2.372	0.970 6	120.4	483.4	0.65
Ⅳ	Al/球₁	—	59.5	—	10.5	2.323	0.986 8	115.7	617.3	0.80
		59.5	—	—	10.5	2.409	0.968 2	111.2	608.2	0.76

由图 6 - 4 可见，AP 二级配，粒度范围增大，体系分维数明显变大，分形相关系数有所下降，药浆屈服值和表观粘度降低，但当分形相关系数降低到某点后，尽管分维数继续增加，药浆屈服值和表观粘度却有一定的回升。说明分形级配时，填料体系要在一定的分形符合性下，工艺流变性才能随分维数增加而改善。

（3）相同粒径范围

铝粉品种和Ⅳ类细 AP 含量不同，AP 采用Ⅱ、Ⅲ、Ⅳ级分进行三级配，用 HTPB/TDI 体系，考察相同粒径范围的分形级配对推进剂工艺性能的影响。结果列于表 6 - 3。

表 6 - 3　相同粒径范围对分形参数和工艺性能的影响

特点	AP 级配（%）			分形参数		工艺性能		
	Ⅱ	Ⅲ	Ⅳ	D	R	τ_y/Pa	$\eta_a/\text{Pa·s}$	n
Al/球₃	10	51	8.5	2.258	0.975 8	127.3	842.0	0.71
	20	41	8.5	2.271	0.975 3	111.0	752.9	0.71
	35	26	8.5	2.292	0.972 8	87.3	635.3	0.83
	45	16	8.5	2.309	0.968 8	81.6	591.3	0.79
Al/球₃	10	47.5	12.0	2.320	0.974 7	100.8	856.0	0.74
	20	37.5	12.0	2.332	0.974 0	86.4	743.2	0.82
	35	22.5	12.0	2.353	0.970 6	78.2	710.4	0.74
	45	12.5	12.0	2.370	0.965 5	71.6	700.6	0.76
Al/球₁	10	51	8.5	2.212	0.992 8	136.9	745.0	0.79
	35	26	8.5	2.246	0.995 1	79.0	580.2	0.81
	45	16	8.5	2.263	0.994 2	71.6	533.4	0.91

由表 6 - 3 可见，推进剂填料体系在相同粒径范围的条件下，只要粒度体系设计与分形特征呈强相关，随分维数增大药浆屈服值和表观粘度降低，工艺性能变好。在不同的细

AP 含量和不同铝粉规格下，亦均呈此规律。

（4）细 AP

HTPB/IPDI 体系，由 AP 的 Ⅰ、Ⅲ、Ⅳ 三种级分进行组配。固定 AP Ⅰ 和 AP Ⅲ，设计时 AP Ⅳ 含量的增减与 AP Ⅲ 互补，AP Ⅰ 的固定量为 25％ 和 15％ 两种，每组 Al 含量和规格相同，考察细 AP Ⅳ 对分形级配和药浆流变性的影响，结果列于表 6－4，以 Ⅱ 组为代表进行分析，结果如图 6－5 所示。

表 6－4　细 AP 对分形参数和工艺性能的影响

组别	AP 级配（％）			分形参数		工艺性能		
	Ⅱ	Ⅲ	Ⅳ	D	R	τ_y/Pa	$\eta_a/Pa \cdot s$	n
Ⅰ	25	35.0	9.5	2.365	0.965 3	223.2	474.8	0.49
	25	34.0	10.5	2.384	0.964 7	229.5	471.5	0.51
	25	32.5	12.0	2.408	0.963 6	291.5	526.5	0.52
Ⅱ	15	47.0	7.5	2.302	0.966 5	248.5	496.7	0.51
	15	45.5	9.0	2.334	0.966 3	223.0	478.0	0.58
	15	44.5	10.0	2.353	0.966 0	146.2	395.5	0.67
	15	43.5	11.0	2.371	0.965 5	230.0	455.0	0.60
	15	42.5	12.0	2.387	0.965 0	253.7	471.0	0.60

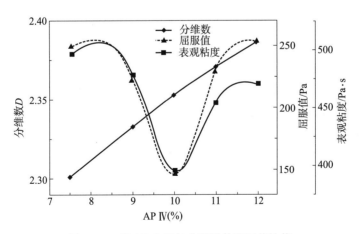

图 6－5　细 AP 含量与分形维数和工艺性能

由表 6－4 和图 6－5 可知，随细 AP 含量增加分维数亦增加。分维数大，反映药浆流变性的屈服值和表观粘度，理应改善后均要降低。如图 6－5 所示，药浆屈服值和表观粘度，开始随分维数增加而降低，到细 AP 含量约 10％ 时达最低，以后随细 AP 含量增加反而也增加。一方面可以认为，细 AP 在分形级配体系中随含量增加改善了体系空间序结构，使分维数变大，有利于改善药浆流变性，使屈服值和表观粘度降低；但另一方面，细

AP 是未经处理的颗粒，具有活性表面，与体系中的一些组分会产生某种物理的或化学的作用，形成阻碍药浆流动的结构；而且细 AP 的表面积很大，在细 AP 含量大于约 10% 后，这种阻碍流动的作用，显然大于细 AP 对级配序结构改进所得对流变性改善的效益。综合上述讨论结果，致使屈服值和表观粘度与分维数关系的呈 U 型的反常结果。

6.6.3.4　级配应用

（1）HTPB/AP/Al

对 HTPB/AP/Al 填料体系，进行分形级配设计，考察分形级配改善工艺性能的潜力。对填料体系进行级配设计时，要不影响原有体系的能量、燃烧等基本性能，即体系的铝粉含量、规格、AP 的级配数及每级分类别、细 AP 各项要保持不变，只对除细 AP 外的其他 AP 级分进行分形级配设计。

表 6-5 列出了改进粒度分形级配设计后的分形参数比较结果。由表 6-5 可知，改进级配设计后的填料体系的分维数明显提高，分形相关性提高或相当。

表 6-5　改进级配设计后的分形参数比较

序号	特点	AP I(%)	AP II(%)	AP III(%)	AP IV(%)	Al(%)	D	R
I	原	9	14	37.5	9.0	18.5/球$_1$	2.259	0.992 3
	改进	9	32	19.5	9.0	18.5/球$_1$	2.285	0.993 5
II	原	0	21	39	9.5	18.5/球$_2$	2.255	0.992 5
	改进	0	37	23	9.5	18.5/球$_2$	2.278	0.992 4
III	原	12.1	24.3	24.4	8.7	18.5/球$_1$	2.272	0.994 1
	改进	12.1	30.0	18.7	8.7	18.5/球$_1$	2.281	0.993 8

表 6-6 列出了分形级配设计对工艺性能的影响。由表 6-6 可见，选择的 HTPB/AP/Al 填料体系，经分形级配设计后，药浆屈服值较每个原体系，均有明显降低，降幅在 25%～45%；药浆表观粘度也不同程度地变小，下降幅度在 10%～20%，剪切速率指数均增加，且药浆屈服值的降低幅度明显大于表观粘度的降低幅度。

表 6-6　分形级配设计对工艺性能的影响

序号	特点	D	τ_y/Pa	$\Delta\tau_y(\%)$	$\eta_a/Pa \cdot s$	$\Delta\eta_a(\%)$	n	药面状况
I	原	2.259	235.1		613.4		0.72	平
	改进	2.285	128.7	−45.3	496.3	−19.1	0.83	平亮
II	原	2.255	214.0		667.0		0.66	条显
	改进	2.278	159.4	−25.3	587.1	−12.0	0.68	稍痕
III	原	2.272	204.0		550.9		0.68	平亮
	改进	2.281	123.3	−39.6	500.3	−9.2	0.72	平亮

由于屈服值反映的是药浆静止时的结构强度，粘度是药浆流动时内部耗能度量。药浆屈服值由两方面因素决定，即液体组分间物理结构强度和固体颗粒组分间开始相对位移的摩擦阻力。因为药浆是高固体含量悬浮液，固体含量一般要在 70% 以上，所以药浆屈服值的结构强度，主要由固体颗粒组分间开始相对位移的摩擦阻力决定。这样级配改进后，使各种颗粒间的适配性改善，就可使开始流动时的颗粒摩擦阻力大大减小以使屈服值明显降低。随着级配改善一定程度上可改变流动颗粒间的摩擦阻力，但作为药浆流动的主体，液体组分间的作用力无甚变化，且作用较大，所以粘度没有屈服值降低明显。

上述结果表明，HTPB/AP/Al 填料体系的粒度经分形级配后，可明显改善药浆流平流动性，药浆流体的假塑性指数增加，本质上更趋近牛顿体。同时还说明，这几个 HTPB/AP/Al 填料体系，经分形改进粒度级配设计，具有改善工艺性能的相当的潜力，当然也说明分形粒度级配设计方法在该体系中应用是成功的。

（2）NEPE/RDX

加有 RDX 的 NEPE 推进剂，若采用 AP 为 15%，AP Ⅲ : AP Ⅳ = 11 : 4；Al 为 18%，Al/球$_1$: Al/球$_3$ = 9 : 9；RDX - 315 为 42% 的体系，药浆工艺性能很差，拟经过对体系的分形级配设计改善工艺性能。

NEPE/RDX 体系的要求条件：

1）AP 15%，Al 18%，RDX - 315 为 42%；

2）AP 20%，Al 18%，RDX - 315 为 37%；

3）燃速与原体系相当。

分形级配设计思路：

1）Al 选择 Al/球$_1$、Al/球$_2$、Al/球$_3$；

2）AP 体系由 AP Ⅲ、AP Ⅳ 变成 AP Ⅱ、AP Ⅲ、AP Ⅳ，增加大粒度 AP Ⅱ，使体系的粒度粒径范围变宽，AP Ⅳ 保持 4% 不变以满足燃速与原体系相当。

分形级配设计结果：

AP15% 和 AP20% 的分形级配设计结果分别见表 6 - 7、表 6 - 8。

由表 6 - 7、表 6 - 8 可见，铝粉选择 Al/球$_2$。原因有以下两方面：一是 Al/球$_2$ 和 Al/球$_1$ 的级配相关系数在 0.98 以上，分形符合性高，且两者相当，但 Al/球$_2$ 的分维数 D 高于相应的 Al/球$_1$。二是 Al/球$_2$ 的分维数 D 较大，但相关系数 R 相对要低，故也不选。

AP Ⅱ : AP Ⅲ 的比例选择：因 AP 15%、AP 20% 下除去固定的 AP Ⅳ 4%，AP Ⅱ、AP Ⅲ 间可调比例分别只有 11%、16%。表 6 - 7、表 6 - 8 中的 Ⅱ 组结果表明，随 AP Ⅱ 比例的增加，分维数 D 也缓慢增大，但相关系数 R 缓慢减小。综合考虑，在可调比例范围内，对 AP 15%、AP 20% 下分别设计出一个新的级配体系，制成药浆，考察工艺性能和原级配体系的工艺性能，比较结果列于表 6 - 9。

表 6 - 7　AP15% 的 NEPE/RDX 体系分形级配设计结果

序号	AP(%)			Al(%)			RDX(%)	分形计算结果		
	II	III	IV	Al/球$_1$	Al/球$_2$	Al/球$_3$	−315	D	R	d_{50}
I		11	4	18			42	2.077	0.987 3	86.0
	3	8	4	18			42	2.134	0.981 7	99.4
	6	5	4	18			42	2.138	0.981 5	100.5
	9	2	4	18			42	2.141	0.981 3	101.7
	11	0	4	18			42	2.147	0.980 7	104.0
II		11	4		18		42	2.085	0.988 7	81.8
	3	8	4		18		42	2.144	0.981 7	95.4
	6	5	4		18		42	2.148	0.981 5	96.5
	9	2	4		18		42	2.151	0.981 2	97.7
	11	0	4		18		42	2.156	0.980 5	99.5
III		11	4			18	42	2.118	0.980 5	72.8
	3	8	4			18	42	2.183	0.972 0	85.5
	6	5	4			18	42	2.186	0.971 5	86.5
	9	2	4			18	42	2.190	0.970 9	87.5
	11	0	4			18	42	2.193	0.969 6	88.4

表 6 - 8　AP20% 的 NEPE/RDX 体系分形级配设计结果

序号	AP(%)			Al(%)			RDX(%)	分形计算结果		
	II	III	IV	Al/球$_1$	Al/球$_2$	Al/球$_3$	−315	D	R	d_{50}
I		16	4	18			4			18
	5	11	4	18			4			18
	10	6	4	18			4	2.138	0.9842	106.1
	16	0	4	18			4	2.148	0.9833	110.2
II		16	4		18		4	2.084	0.9907	85.4
	5	11	4		18		4	2.142	0.9844	99.8
	10	6	4		18		4	2.148	0.9841	101.9
	16	0	4		18		4	2.157	0.9830	105.5
III		16	4			18	4	2.119	0.9819	75.8
	5	11	4			18	4	2.183	0.9741	89.2
	10	6	4			18	4	2.189	0.9732	91.1
	16	0	4			18	4	2.196	0.9711	93.4

表 6 - 9　NEPE/RDX 体系分形级配设计和实验结果

实验号	AP(%)				Al(%)			RDX(%)	出料工艺性能		级配
	%	Ⅱ	Ⅲ	Ⅳ	Al/球₁	Al/球₂	Al/球₃	−315	τ_y /Pa	η_a /Pa·s	
R46	15	3	8	4		18		42.0	35.2	129.0	新选
R45	20	14	2	4		18		37	27.6	105.1	新选
R18*			16	4	9		9	37	139.0	405.5	基础

注：* 未经分形级配的药浆。

由表 6 - 9 可见，经分形设计的两个 NEPE/RDX 体系的药浆 R45 和 R46，与原体系 R18 相比，出料时的屈服值和表观粘度分别由 139.0 Pa 和 405.5 Pa·s，大幅度降低到 27.6～35.2 Pa 和 105.1～129.0 Pa·s，具有很好的可浇性和流平性，显示分形级配大幅 地改进了原体系的工艺性能。

（3）膏状推进剂

膏状推进剂为了满足使用的要求，药浆要具有良好的流动流平性，解决这一问题，需 要对填料体系进行粒度级配。根据膏状体系的特点，填料体系有一些限制条件。

膏状药浆的要求条件：固体含量 S% 为 65% 和 75% 两种，并提出两种 S% 下的五种 AP Ⅳ% 的要求，其中为达燃速的要求，AP Ⅳ 含量必须固定。

分形级配设计思路：AP Ⅳ 定为 20%，其余 AP 采用 AP Ⅰ、AP Ⅲ 组合。

分形级配设计结果：根据设计计算，结果如图 6 - 6、图 6 - 7 所示。

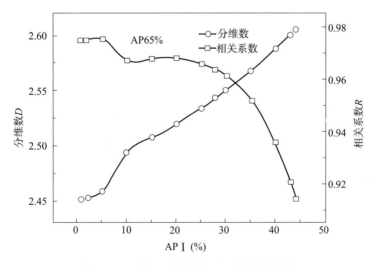

图 6 - 6　S% ＝65% 分形级配参数变化规律

根据分形的符合性和分维数，对 S% 为 65% 和 75% 两个体系，分别选择了三个分形级 配体系，分形级配设计和制药实验结果见表 6 - 10。

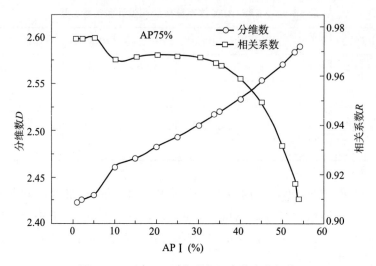

图 6 - 7　S％＝75％分形级配参数变化规律

表 6 - 10　分形级配设计体系及实验结果

S(%)	AP(%)			分形设计		流变性能	
	AP Ⅰ	AP Ⅲ	AP Ⅳ	D	R	τ_y /Pa	η_a /Pa·s
65	10	35	20	2.494	0.966 9	14.5	50.0
	28	17	20	2.543	0.963 5	11.2	51.1
	40	5	20	2.588	0.935 8	13.6	47.7
75	15	40	20	2.470	0.967 9	87.9	210.3
	34	21	20	2.517	0.965 4	未做	
	45	10	20	2.553	0.948 8	76.8	170.7

　　由表 6 - 10 可见，与预设结果基本相同。1）S％为 65％的三个实验，理论上中间实验（28、17、20）的流变性应该最好，但实际三个配方的结果相当。这是由于三个配方分形的符合性和分维数都较高，流变性均良好。由于 S％较低，流变性的数值也低，级配占流变性的影响因子也低，在此情况下，由于级配差异所致流变性差别也就不明显，以至三个配方结果相当。2）S％为 75％时，由于 S％较高，级配有优越性，分维数大，流变性相对显示要好。

　　（4）CL - 20/GAP

　　CL - 20/GAP 推进剂体系，药浆粘度大、屈服值高，工艺性能的流动流平性很差，拟通过对填料体系的级配设计，改善药浆的工艺性能。

　　CL - 20/GAP 体系的要求条件：

　　S％＝75％；

　　AP16％，其中细 AP 不限；

　　Al18％，Al/球$_2$～Al/球$_3$；

　　CL - 20 为 41％。

分形级配设计思路：

原体系填料级配为 AP Ⅳ、Al/球$_3$、CL-20，显然 AP 粒度单一，对工艺不利。用分形级配的方法，从变化 AP 级分、Al 粒度两个方面，重新设计填料体系的级配，设计计算结果见表 6-11。

表 6-11　CL-20 填料体系分形设计

序号	AP(%)			Al(%)			CL-20 (%)	结果	
	Ⅱ	Ⅲ	Ⅳ	Al/球$_1$	Al/球$_2$	Al/球$_3$		D	R
1	6		10		18		41	2.268	0.984 1
2	3	3	10		18		41	2.262	0.984 7
3		6	10		18		41	2.210	0.992 0
4	8		8		18		41	2.229	0.985 1
5	5	3	8		18		41	2.223	0.985 7
6	3	5	8		18		41	2.221	0.985 9
7		8	8		18		41	2.167	0.992 8
8	10		6		18		41	2.179	0.985 5
9	7	3	6		18		41	2.173	0.986 1
10	4	6	6		18		41	2.170	0.986 3
11	2	8	6		18		41	2.167	0.986 4
12		10	6		18		41	2.112	0.993 1
13	12		4		18		41	2.110	0.984 8
14	8	4	4		18		41	2.103	0.985 5
15	4	8	4		18		41	2.098	0.985 7
16	0	12	4		18		41	2.036	0.992 4
17	3	3	10			18	41	2.290	0.968 7
18	3	3	10	18			41	2.260	0.986 2
19	7	3	6	18			41	2.170	0.987 6
20	4	6	6	18			41	2.166	0.987 7
21	2	8	6	18			41	2.164	0.987 8

根据表 6-11 中的结果，填料体系级配由以下三步确定：

①确定 AP 级分及 AP Ⅳ含量

当 AP Ⅳ的含量取 10%、8%、6%、4%时，采用 AP Ⅲ、AP Ⅳ的 AP 级配比采用 AP Ⅱ、AP Ⅲ、AP Ⅳ的 AP 级配，R 值明显增加，但 D 值大大减小，综合应取 AP Ⅱ、AP Ⅲ、AP Ⅳ三级分级配，较为合理。

AP Ⅱ、AP Ⅲ、AP Ⅳ三级分级配，当 AP Ⅳ为 6%时，R 水平高；AP Ⅳ为 10%时，D 最大。当 AP Ⅳ含量分别为 8%、6%、4%时，D 分别比前档降低 0.04、0.05、0.07，考虑到细 AP 的界面活性影响，其量不宜太多，兼顾 R 与 D，故 AP Ⅳ含量宜取 6%。

②确定 Al 粒度

当 AP Ⅱ：AP Ⅲ：AP Ⅳ＝3∶3∶10 时，No. 17 的 Al/球$_3$ 与 No. 2 的 Al/球$_2$ 比较，R 由 0.984 7 降至 0.968 7，D 由 2.262 增至 2.290，这里 D 有所增大，但 R 减小，故取 Al/球$_2$ 为好。又 No.18 的 Al/球$_1$ 与 No. 2 的 Al/球$_2$ 比较，R 由 0.984 7 升至 0.986 2，略有增加；D 由 2.262 变成 2.260，差别很小，故确定 Al 粒度取 Al/球$_1$。

③确定填料体系级配

据①②的选择结果，可得表 6 - 11 中 No. 19、No. 20、No. 21 三个级配可供选择，比较三个序号级配后的 D 和 R，No. 19 的级配较合理。综上结果，取填料体系级配为 AP Ⅱ：AP Ⅲ：AP Ⅳ：Al/球$_1$：CL - 20＝7∶3∶6∶18∶41。

分形级配设计结果：

按上述设计的分形粒度级配，进行制药实验，工艺性能结果见表 6 - 12。

表 6 - 12　CL - 20/GAP 制药实验的工艺性能

项目	AP(%)			Al(%)		CL - 20(%)	出料	
	Ⅱ	Ⅲ	Ⅳ	Al/球$_1$	Al/球$_3$		τ_y /Pa	η_a /Pa·s
基础			17		18	39.7	粘度大、屈服值高，流动流平性差	
分形级配	7	3	6	18		41	21.9	97.0

由表 6 - 12 可见，药浆的屈服值和表观粘度都很低，推进剂工艺的流动流平性很好，分形粒度级配设计获得了很好的效果。

6.7　小结

复合固体推进剂填料体系的粒度级配，就是确定 AP、炸药、金属燃料等固体颗粒组分，确定粒径的级分以及各级分间的比例。

早期，人们用摇实密度等实验方法确定推进剂填料的粒度级配，后发现体系中粗细粒子的质量比一般在 7∶3 时体系粘度最低[16-17]，照此比例原则设计各种实验配方。继而探索各种理论进行粒度级配设计，主要有基于最紧密颗粒堆积理论的各种级配方法和基于分形理论的分形级配方法。

最紧密颗粒堆积理论是在假定颗粒为球形，在每个级分粒径均一的基础上，大颗粒堆积空隙中由小颗粒填充，小颗粒空隙中由更小颗粒填充，以此类推。依照最紧密颗粒堆积理论进行级配，其本质是确定各级分间的粒径关系和体积关系以至质量关系，不同的确定方法就有了不同的级配方法。

定值比级配，相邻级分间的粒径关系成定值比，最小颗粒至最大颗粒连续。在确定粒径比值后，计算最佳理论级配和实际配方级配的小于每档级分粒度下的累积百分数。以理论级配和实际配方级配两者的累积百分数为纵坐标，以粒径为横坐标，作于同一图中。对比两者的偏差情况，找出体系应该增加/减少哪一粒度范围内的百分含量实现合理级配。也可将每个级分下最佳级配的累积百分数与实际配方级配的累积百分数进行差平方和运算，对每个级分的体积分数偏微分，假设结果为零，解偏微分联立方程，求各级分的合理级配。

　　最大装填分数级配，依据的是在一个确定的组成体系中，最大装填分数越大，则粘度越低，相应的工艺性能将越好。根据计算最大装填分数的途径不同，有用平均空隙率计算最大装填分数的级配方法和与级分粒径相关联的最大装填分数级配方法，及与粒子滚动相关联的滚动级配方法。

　　平均空隙率与最大装填分数级配法，是采用密实堆积后的平均空隙率，求最大装填分数的级配方法。在推进剂体积分数一定的条件下，计算不同级配下密实堆积后的最大装填分数，最大装填分数越大，级配越合理，据此完成对推进剂的粒度级配。这种级配方法，在计算最大填充堆积的平均空隙率时，要用相邻级分粒径成等比条件下成立的参数。对二级配体系，随意选择两个粒径的级分，等比条件均可满足。对推进剂常用的二级配以上的多级配体系，要分别计算各条件下的两两堆积的空隙率，再与相应条件计算的体积分数相乘加和求得平均空隙率。目前所用的氧化剂和铝粉是规定的几种粒径规格，粒径为非等比关系，计算各空隙率所用的粒径比参数，除首个二级分间符合等比的条件，以后随计算的递进会越发生偏离，所以这种级配方法存在计算的理论假定与实际间的偏差。

　　最紧密堆积粒度级配法。根据颗粒最紧密堆积的物理模型，存在八面体、四面体和三角形三种类型空隙，依据填充各种类型空隙所用粒子粒径与体系最大粒径间的关系，可得从大到小各级分间的粒径关系以及各级分和体系的最大体积分数。根据药浆可浇注的粘度标准和已知粘合剂体系的粘度，确定级分中最大颗粒的粒径以及要采用的级配数，就可计算出其余级分所需采用的粒径以及各粒径级分的质量分数，实现对推进剂填料体系的粒度级配。

　　滚动级配法。根据推进剂药浆流动时，小颗粒引起大颗粒滚动的条件，求相邻级分颗粒间的最佳粒径比和最佳体积比。知道最佳粒径比，可得体系的级分数；知道最佳体积比及各级分密度，可计算级分间质量比。以滚动条件进行的这种粒度搭配过程即是滚动级配法。滚动级配法的基本根据还是颗粒空间堆积的最紧密排列理论，该方法的先进之处是考虑到推进剂工艺性能的流动特征，以药浆流动时颗粒间的相对运动为基点，推演最佳的系统颗粒级配，把空间堆积特性和滚动特性综合进行了考虑，以至更接近推进剂药浆体系的实际情况。

　　以上定值比级配、平均空隙率与最大装填分数级配、最紧密堆积粒度级配，都是假定颗粒为球形，每个级分的粒径均一，在最紧密颗粒干床堆积模型基础上进行设计的各种级配方法，是一种理想条件下的静态级配方法。滚动级配，在上述基础上进而考虑了粒子滚动的动态性，与推进剂药浆的符合性就更进了一步。

　　推进剂研制过程，为了解决工艺性能，使用的固体颗粒氧化剂和金属燃料，除有不同粒径和粒度分布外，还有 AP、Al、HMX、RDX、CL - 20 等不同品种、不同密度、球形和非球形、表面活性和惰性的差异，这和级配依据的最紧密堆积理论要求的是球形粒度、均一粒径条件，并不完全相符。目前 AP、Al 等只能提供粒径已定的有限几个级分，不能满足连续的相邻粒径间等比的要求。推进剂制造要将填料颗粒加入有一定粘性的粘合剂中，其中一些小组分与某些颗粒间，可能还有着复杂的物理化学作用，又需经不同能力的混合设备才能制成药浆，这是一个十分复杂和动态的过程。依据最紧密堆积理论进行的粒度级配，实际是一种静态的级配设计方法，尽管还存在一些实际与理论的偏离，但在凭经验进行所谓"炒菜式"的推进剂研制历程中，却是大大地前进了一步。

分形级配，根据材料粉碎，是一个由大到小或由整体到分散的过程，所得产品的粒度，呈分形分布可用分维数表征的特征。根据推进剂药浆是将分散的小颗粒加入到粘合剂体系的液体组分中，经混合制成的，这是一个由小到大或由分散到整体的过程，可以说推进剂制备与粉碎是一个互为相反的过程。

推进剂填料体系按分形分布特征进行级配的方法即推进剂的分形级配。推进剂填料粒度的分形级配过程，一是研究填料体系与分形分布的符合性，二是确定推进剂合适的分维数范围。颗粒填料体系与分形符合性好，分维数大，工艺性能就好。

分形粒度级配，依据新颖的分形理论，吸取了能用分维数描述复杂体系自相似性的特点，很好地解决了推进剂填料体系级配的复杂性和动态性。经实际应用，分形粒度级配法在各类推进剂填料体系的粒度级配设计中具有很好的适用性。

参 考 文 献

［1］ FURNAS C J. Grading aggregates. Ind. Eng. Chem. , 1931，23：1052.

［2］ FARRIS R J. Prediction of the viscosity of the ultimodal suspensions from unimodal viscosity data [J]. Trans. Soc. Rheology，1968，2：281－301.

［3］ SADLER L Y，SIM K G. Minimize Solid－Liquid Mixture Viscosity by Optimizing Particle Size Distribution [J]. Chem. Eng. Progre. , 1991，68－71.

［4］ ERISKEN C，GOCMEZ A，et al. Modeling and Rheology of HTPB Based Solid Propellants [J]. 27th ICT，Proceeding，1996，49－1～49－14.

［5］ 杨可喜 . 固体推进剂颗粒填料最佳堆积研究（综合报告）. 1983 宇航学会报告.

［6］ 杨可喜 . 固体推进剂最大固体填充量的计算 . 1983 宇航学会报告.

［7］ 杨可喜，陶泽铭，王国娟 . 复合固体推进剂药浆粘度的预估 [J]. 推进技术，1985，6（4）：19－23.

［8］ CARVALHEIRA P，CAMPOS J. Some rules for the design of high solid loading composite solid propellants and explosives [J]. 27th ICT，Proceeding，1996，55－1～55－14.

［9］ 肖杨华 . 颗粒级配优化研究－滚动级配法 [J]. 推进技术，1993，14（4）：60－67.

［10］ 张济忠 . 分形 [M]. 北京：清华大学出版社，1995.

［11］ 丁玖 . 智者的困惑：混沌分形漫谈 [M]. 北京：高等教育出版社，2013.

［12］ 郁可，郑中山 . 粉体粒度的分形研究 [J]. 材料科学与工程，1995，13（3）：30－34.

［13］ CONDON J A，OSBORN J R. The effect of oxidizer particle size distribution on the steady and non－steady combustion of composite propellant [J]. final report，AD A056892，1978.

［14］ 唐汉祥 . 推进剂填料颗粒的粒度分布特征研究，1998.

［15］ 徐满才，史作清，何炳林 . 分形表面及其性能 [J]. 化学通报，1994，（3）：10－14.

［16］ 赵世昭，高慧清 . 过氯酸铵含量对药浆性能影响研究，1965.

［17］ 刘国雄 . 固体推进剂、绝热层、衬层 . 航天丛书（70），《防空导弹固体火箭发动机设计》，闵斌主编，宇航出版社，北京，1993.11，160－251.

第 7 章　推进剂流变性影响因素

7.1　概述

推进剂的流变特性受各种因素影响，配方组成及组分间的相互作用是决定推进剂药浆流变特性的主要因素，其次是工艺条件、生产设备和固化反应。因此，可运用流变学手段，进行配方的优化设计、选择配方组分和调整工艺参数。根据药浆的流变参数具有推进剂内部结构中的一些指纹特征，药浆流体结构又具药柱结构的雏形，故应用流变学测定，既可以探知各种因素影响流变性的结构原因，还可用于研究推进剂的力学、贮存等其他性能。

7.2　配方组成影响

7.2.1　粘合剂

推进剂配方选定粘合剂类别后，一般极少会再变动，大量的工作是研究确定粘合剂的使用指标和规格及产品的稳定生产。推进剂用高聚物流体作粘合剂，利用粘合剂的流动性带动分散填充在粘合剂中的氧化剂、燃料等固体颗粒一起流动，制成可流动的推进剂药浆，解决药柱的成型工艺问题。粘合剂的流变特性决定了推进剂药浆最基本的流变性。

推进剂用的粘合剂的流变性特征，遵循一般高聚物的分子量、分子量分布、支化度、柔顺性及极性等因素的影响规律[1-5]。粘合剂对推进剂流变性的影响，与粘合剂的品种有关。表 7-1 列出了 HTPB、PBAN、CTPB、PE 四种粘合剂及其流变性。

表 7-1　粘合剂的分子量、粘度、粘流活化能

组　别	品　种	$\overline{M}_n$	$\overline{\eta}$ /Pa·s(40 ℃)	E^* /(kJ/mol)
Ⅰ	HTPB 中羟值	4 200	7.968	33.5
		3 980	9.232	35.1
		3 630	8.273	33.5
Ⅱ	HTPB 高羟值	3 720	15.290	36.0
		3 960	12.420	37.7
		3 160	7.942	37.2
		3 410	12.240	38.1
		4 020	10.210	37.2
Ⅲ	PBAN	—	15.310	43.1

续表

组　别	品　种	$\overline{M}_n$	$\overline{\eta}$ /Pa·s(40 ℃)	E^* /(kJ/mol)
Ⅳ	CTPB	3 730	19.150	38.1
Ⅴ	PE	3 392	1.640	31.0
		5 630	5.113	32.6
		3 780	2.675	32.2

注：* 表中粘流活化能为 40~60 ℃所测，由 0~25 s⁻¹间的牛顿粘度按 Arrenius 公式处理而得。

由表 7-1 可见：

1) Ⅰ、Ⅱ、Ⅴ三组粘合剂，同组中各批粘合剂间，40 ℃的粘度有差异，但粘流活化能相当。高分子熔体流动是链段运动的结果，所以粘流活化能是链段克服位垒由一个位置跃迁到另一个位置所需的最小能量，而粘度是整个大分子间发生相对质心位移的耗能。同组粘合剂的生产合成方法相同，仅生产时间批次不同，分子的主链结构应相同，运动链段的结构和大小也会相当，所以同组粘合剂的粘流活化能也就相当；但分子量、官能团分布等其他一些微结构会有差异，致使同一组的各批次的粘度有稍许差异。正因如此，为了控制粘合剂的质量，各类粘合剂的规格指标都规定了粘度值的指标要求。

2) 粘流活化能按Ⅲ>Ⅳ≈Ⅱ>Ⅰ>Ⅴ组别顺序依次变小。因为Ⅲ组的 PBAN 是丁二烯-丙烯酸-丙烯腈三元共聚物，主链虽以柔顺的丁二烯骨架为主，但还嵌有一定量的带有极性腈基的丙烯，增加了分子间的吸引力，另外官能团羧基分布于主链中而非端部成支化状。这样结构的大分子的链段运动，相比大分子中无极性基、主链规整的 CTPB、HTPB、PE 的链段的运动要困难，所以 PBAN 的粘流活化能最大。CTPB 和 HTPB 尽管分子量有差异，端基也不同，粘度差别也大，但主链结构相同，粘流活化能就相当。PE 的醚键使主链骨架的柔顺性更好，链段运动时的阻力大大减小，粘流活化能相比之下为最小。

粘度和粘流活化能小的粘合剂，预示制成推进剂药浆的粘度也小，流动性好，工艺性能相对要好，也就可设计装填更高固体含量的推进剂，这也是推进剂粘合剂由 PBAN、CTPB 一代一代的发展，如今 HTPB 粘合剂得到广泛应用的原因。推进剂中通过粘合剂系统来调节药浆流变性能，一定要在综合考虑推进剂其他性能的前提下进行，粘合剂在推进剂中的首要任务是提供药柱所需的力学性能。

7.2.2　固化剂

固化剂在推进剂中的主要功能是经与粘合剂反应形成网络骨架，为推进剂提供成型的力学性能。固化剂对药浆流变性的影响因素包括固化剂品种、反应基团活性、固化参数和反应产物。

HTPB 推进剂常用的固化剂有 TDI 和 IPDI，由于 TDI 和 IPDI 分别为芳香类和脂环类二异氰酸酯，它们的结构不同，使异氰酸根与羟基的反应速度也不同。用流变仪测定固化剂与 HTPB 组成胶料的表观粘度，经 $\ln\eta_a = a + kt$ 处理，可得用粘度表征的表观反应速率常数 k。表 7-2 列出了 TDI、IPDI 与 HTPB 的固化速率比较，结果表明，50 ℃下 TDI

的固化速率是 IPDI 的 2.5 倍，70 ℃下是 3.1 倍；若 HTPB 中加入一定量的增塑剂 DOS，50 ℃下的固化速率 TDI 是 IPDI 的 3.1 倍。TDI 的固化速率明显比 IPDI 快，且随温度增高而增大。

表 7－2　TDI、IPDI 与 HTPB 固化速率比较[6]

组　　成	固化参数 R	温度/℃	k（9.771 s^{-1}）	k_{TDI}/k_{IPDI}
TDI＋HTPB	0.94	50	0.229 8	2.5
IPDI＋HTPB	0.94	50	0.091 6	
TDI＋HTPB	0.94	70	0.729 2	3.1
IPDI＋HTPB	0.94	70	0.232 6	
TDI＋HTPB＋DOS	0.94	50	0.316 6	3.1
IPDI＋HTPB＋DOS	0.94	50	0.102 8	

　　图 7－1 和 图 7－2 示出了 TDI、IPDI 两种固化剂药浆的表观粘度和屈服值随出料后时间的变化。由图可见，随出料后时间的增加，药浆表观粘度和屈服值随之增大。这是由于药浆中随加入固化剂后的时间增长，固化剂与粘合剂不断地进行扩链和交联的反应，使粘合剂分子越来越大，由大分子间的相对滑移带动推进剂药浆流动的阻力变大。两种固化剂的推进剂配方设计和混合温度不尽相同，使它们的流变数值有高低之别。从变化趋势可见，TDI 的反应速度快，药浆粘度和屈服值增长快，曲线在上方，变化也陡；IPDI 的反应速度相对慢，药浆粘度和屈服值的增长也慢，曲线在下方，且变化平缓。

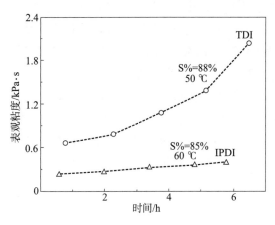
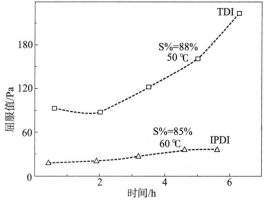

图 7－1　TDI、IPDI 药浆表观粘度与时间的关系　　　图 7－2　TDI、IPDI 药浆屈服值与时间的关系

　　固化参数 R_T 是聚氨酯推进剂体系中，异氰酸基与羟基的物质的量比值，用于调节和控制推进剂的力学性能。推进剂固化体系确定后，当原材料、环境、生产条件发生变动，为保证推进剂力学性能的稳定和重现，需适当调节固化参数。图 7－3 所示为固化参数 R_T 在通常可调节的范围内变化对 HTPB 推进剂出料时药浆粘度的影响。图中表明，R_T 在 1.02～1.16 范围内调整即固化剂量的少量变化并不能致使反应生成的粘合剂分子大小发生大的变化，同时不会对推进剂药浆粘度产生明显影响。

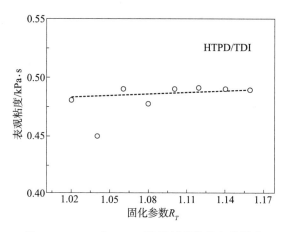

图 7-3　R_T 对 HTPB 推进剂药浆粘度的影响

聚氨酯推进剂的固化反应产物对推进剂药浆有明显的影响[7]。图 7-4 是 HTPB/TDI 推进剂有/无固化剂药浆的粘度曲线，药浆流变性的测定结果见表 7-3。

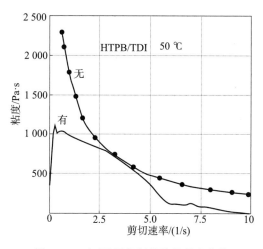

图 7-4　有/无固化剂药浆的粘度曲线

表 7-3　有/无固化剂药浆流变性测定结果

项目		固化剂	
		无	有
τ_y /Pa		794	122
η_a^1 /Pa·s		1 739	995
$\tau = a\dot{\gamma}^n$	a	1 624	941
	n	0.43	0.92
	R^2	0.95	0.99

由图 7-4 可见，加入固化剂后，药浆粘度曲线大幅下移。表 7-3 的结果显示，推进剂药浆加入固化剂后，屈服值和特征表观粘度值分别由 794 Pa 和 1 739 Pa·s 降低至

122 Pa 和 995 Pa·s；剪切速率指数 n 由 0.43 增加到 0.92，表明药浆的假塑性明显减少，显示了药浆结构得到改善，药浆连续性变得更好。

图 7-5、图 7-6 是有/无固化剂药浆的动态流变性测定结果。

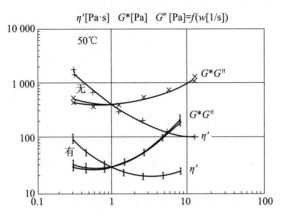

图 7-5　固化剂与动态粘度、复合模量、损耗模量

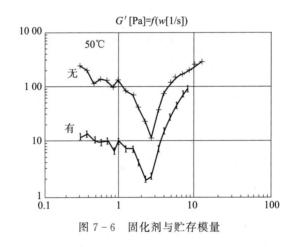

图 7-6　固化剂与贮存模量

由图 7-5、图 7-6 可知，没有加固化剂时，药浆的动态模量、粘度都很高。表明药浆受外界施力，发生剪切形变流动，连续相粘合剂体系的分子间发生相对位移的位移能，尚不足以带动固体粒子一起移动形成连续的流层，剪切形变的力将更多地集中于克服分散相颗粒间的摩擦。这时药浆的流动，初始要越过较高的能垒，流动时要消耗更多的内摩擦能，还要破坏更多的微结构，使没有固化剂的药浆显得干、硬和较少流动性。

加入固化剂后的出料药浆，流变性发生显著变化，成为能流动加工的流体。这是由于药浆加入固化剂后，到混合完毕出料时，粘合剂与固化剂的反应已达一定程度，当受外界施力发生流动时，这时的药浆由于扩链、交联，变大了的粘合剂分子相对位移时的动量，足以带动分散相颗粒一起移动。另外，固化生成的氨基甲酸酯对推进剂工艺性能有十分显著的影响[7]。一方面因为氨基甲酸酯具有很高的内聚能密度，对填料颗粒的极性表面有强的吸附作用。另一方面氨基甲酸酯连接在粘合剂链端，这样既有利于改善填料表面的润湿性，使填料在药浆中的分散性变好，又可加强填料与粘合剂间的联系。当药浆流动时，就可减少填料颗粒间的堆积和物理摩擦，改善粘合剂和填料二相流的同步性。如图 7-5 和图 7-6 所示，模量大幅降低，药浆的结构强度下降，粘度降低，流动连续性改善。表现在稳态测定的表观粘度、屈服值明显变小，假塑性指数增加。其间，尽管由于固化反应能使粘合剂分子增大，会增加流动元间滑移的耗能，增加药浆粘度，但综合起来，还是明显有利于改善药浆工艺性能。这就是加固化剂后，随混合的进行药浆流变性变得越来越好的原因。

7.2.3　氧化剂

氧化剂一般占配方含量的 50% 以上，氧化剂的含量、粒度、形状和表面性质对推进剂工艺流变性能有十分重要的影响[8]。过氯酸铵是推进剂中使用的主要氧化剂，人们对它采用了包覆、球形化、粒度分级、级配等各种措施来改善推进剂的工艺性能。所用过氯酸铵的规格见表 7-4。

表 7-4　过氯酸铵规格

类别	粒度（目）	形状
Ⅰ	40～60	
Ⅱ	60～80	球形
Ⅲ	100～140	
Ⅳ	＞180	非球形

7.2.3.1　AP 含量

图 7-7 所示为 AP/HTPB 体系药浆，三种球形 AP 体积分数与假塑性指数的关系。图 7-7 中的曲线显示，假塑性指数 n 均小于 1，表明 AP 颗粒间存在相互作用，在药浆中会形成一种准网络结构，当药浆受到剪切形变时，这种准网络结构逐渐被破坏使药浆流动呈假塑性。随 AP 体积分数增加，颗粒数增加，颗粒间相互作用的结构增多，剪切破坏的结构数增多，所以 n 值随 AP 体积分数增加逐渐变小。当体积分数高达 0.6 左右后，填料颗粒的数量和颗粒间的距离将达到一个临界值，致使颗粒间相互作用的结构数陡升，n 值出现骤降。由于球的体积与球径是三次方的关系，粒度变小使粒子数以粒径比的三次方的倍数增加，在三种 AP 中，Ⅲ类球形 AP 粒度最小，在相同体积分数下粒子数会大大多于Ⅰ、Ⅱ两类，结果使 AP Ⅲ药浆的 n 值在较小的体积分数下首先开始降低，且降幅最大。

AP 含量对流变性的影响，可通过式（7-1）所示的相对粘度进行研究

$$\eta_r = \frac{\eta}{\eta_{液}} \tag{7-1}$$

式中　η_r ——相对粘度；

　　　η ——浆料粘度；

　　　$\eta_{液}$ ——液体介质粘度。

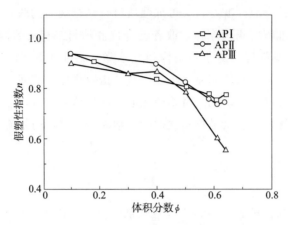

图 7 - 7　球形 AP 体积分数与假塑性指数的关系

图 7-8 所示为三种球形 AP 体积分数与相对粘度的关系。可见，体积分数增加开始阶段相对粘度呈缓慢增加；当体积分数达到约 0.30 以后，相对粘度增加加快；当体积分数达 0.60 以后，粘度出现陡升。Ⅰ、Ⅱ、Ⅲ类球形 AP 遵循同一规律，尤以Ⅲ类球形 AP 为甚。以Ⅱ类 AP 为例，图 7-9 为体积分数对药浆损耗模量 G'' 频率谱的影响。表明随体积分数增加，药浆损耗模量也随之增加。

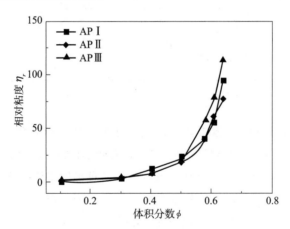

图 7 - 8　球形 AP 体积分数与相对粘度的关系

在推进剂药浆中，要求填料颗粒表面充分润湿，并均匀分散在粘合剂体系中。AP 颗粒表面将包有一层称为界面层的粘合剂，该界面层的厚度取决于 AP 的表面性质、粘合剂的性质及粘合剂与 AP 间的相互作用。据渗透理论[9]，在两个颗粒相邻时，存在一个临界界面层厚度，其值等于 2 倍的颗粒表面界面层的厚度。当药浆受到剪切作用时，在粘合剂母体、界面层和填料颗粒间将产生应力-应变响应。若颗粒间的距离小于临界界面层厚度，则相邻颗粒间的界面层相互接触，形成一个传递应力的渗透通道。流动时，当填料颗粒间还没有发生相对位移时，渗透通道将起增加储能的作用；当填料颗粒间发生相对位移时，则起增加摩擦耗能的作用。所以，当药浆中 AP 的体积分数变大，相邻 AP 颗粒间距离变

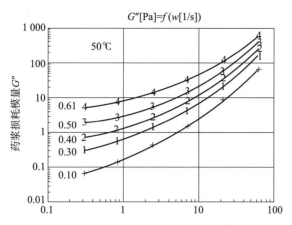

图 7 - 9　球形 AP 体积分数 ϕ 与药浆损耗模量 G'' 的关系（AP Ⅱ）

小，药浆流动，传递应力的渗透通道增多，颗粒间的相互摩擦增强，如图 7 - 9 所示，AP 体积分数变大，药浆损耗模量也随之增加。

　　AP/HTPB 体系药浆粘度随固体含量增加而升高，当固体含量接近一个较大值时，粘度急剧上升。这是由于悬浮液中填料存在临界填充系数，当固体体积分数接近这一临界值时，各颗粒间的距离大大缩小甚至直接接触，使颗粒间相对位移受到很大阻碍，药浆流动开始要消耗更多的能量，形成一个粘度的突变。

7.2.3.2　AP 粒径

　　基于 AP/HTPB 悬浮液呈非牛顿流体的特征，粘度可视为由两部分组成，一部分是粘合剂体系的粘度；另一部分是与填料体积分数、表面性质、形状有关的结构粘度。其关系可用式（7 - 2）表示

$$\eta = \eta_{\text{粘}} + \eta_{\text{结}} \tag{7-2}$$

将结构粘度与填料体积分数表示成式（7 - 3）表示的关系

$$\eta_{\text{结}} = \eta_{\text{粘}} + \frac{k}{\dfrac{1}{\phi} - \dfrac{1}{\phi_{\max}}} \tag{7-3}$$

将式（7 - 3）代入式（7 - 2）得

$$\eta_r = 1 + \frac{k}{\dfrac{1}{\phi} - \dfrac{1}{\phi_{\max}}} \tag{7-4}$$

式中　ϕ ——填充分数；

　　　$\phi_{\max}$ ——最大填充分数；

　　　k ——填料结构系数。

将式（7 - 4）变换得

$$\frac{1}{\eta_r - 1} = \frac{1}{k} \times \frac{1}{\phi} - \frac{1}{k} \times \frac{1}{\phi_{\max}} \tag{7-5}$$

将三种球形 AP/HTPB 悬浮液的实验结果按 $1/(\eta_r - 1) \sim 1/\phi$ 进行归一化处理，结果成

很好线性关系。不同粒度球形 AP 在悬浮液中的结构系数 k 值和最大填充分数 $\phi_{\max}$ 见表 7-5。

表 7-5　球形 AP/HTPB 药浆的结构参数

AP 类别	$\phi_{\max}$	k	R
Ⅰ	0.548	2.869	0.996
Ⅱ	0.560	3.184	0.996
Ⅲ	0.637	6.105	1.000

由表 7-5 可见，球形 AP 的粒度变小，k 值和 $\phi_{\max}$ 增大，Ⅰ、Ⅱ 两类大颗粒球形 AP 的 k 值和 $\phi_{\max}$ 相当，表明它们对 AP/HTPB 填充体系的流变性影响应属同一粒度级域。Ⅲ 类 AP 的结构系数和最大填充分数均比Ⅰ、Ⅱ 两类 AP 的要大，这点表明在 AP/HTPB 体系中使用时，Ⅲ 类球形 AP 对流变性可能会产生不同的影响。

7.2.3.3　细 AP

使用细 AP 是为了满足调节燃速的需要，将粗粒度 AP 粉碎加工成 $7 \sim 10\ \mu\text{m}$ 的细粒或小于 $2 \sim 3\ \mu\text{m}$ 的所谓超细 AP，其特征表现为粒度细、非球形、表面无包覆剂和易吸湿等特性。

表 7-6 列出了相同粒径和添加量的球形和非球形 AP 对药浆粘度的影响。由表可以看出，与相同粒径和相同添加量的球形 AP 相比，非球形 AP 不规则和未包覆的表面特征使比表面积大，也不易分散，药浆流动阻力大，粘度也大；反之球形氧化剂具有较小的比表面积和较好的抗结块能力，在药浆中表面吸附粘合剂量少，分散性好，运动阻力小，粘度就小。

表 7-6　AP 颗粒形状对药浆粘度的影响 （S%＝80%）[10]

形状	粒径/μm	空隙率 ε	η_a /Pa·s(40 ℃)
球形	113	0.315 7	150
非球形	113	0.400 7	342.5

表 7-7 对细 AP 和Ⅱ类球形 AP 在填充量 ϕ 均为 0.40 时制成 AP/HTPB 药浆时的流变性进行了比较。表 7-7 显示，在体积分数相等时，与球形 AP 相比较，细 AP 使药浆粘度和假塑性大大增加。这是由于细 AP 粒径小，表面积大大地增加又不易润湿分散，形成许多聚集状的团粒所致。

表 7-7　细 AP 和Ⅱ类球形 AP 对药浆流变性的影响

项目	细 AP	AP Ⅱ
粒径/μm	7	200
η_a^5 /Pa·s	55.5	8.4
n	0.76	0.90

图 7-10 所示为在 AP 二元粒度体系的 AP/HTPB 药浆中，使粗 AP/细 AP 为 7/3，

固定粗 AP 粒径时，细 AP 粒度变化对药浆粘度的影响。由图 7-10 可见，粒径小于 28 μm 的为粉碎细 AP，粒度由 28 μm 降到 8 μm，药浆粘度由 400 多 Pa·s 陡升到 800 Pa·s。而球形 AP 的粒度在 50～250 μm 间变化，药浆粘度变化很小。表明细 AP 的粒径变化对药浆粘度有显著影响。

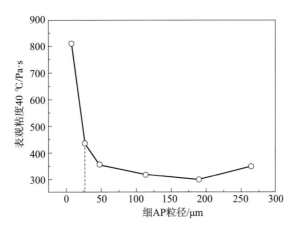

图 7-10　AP 粒度对药浆粘度的影响

注：粗 AP/细 AP＝7/3，S％＝83％，粗 AP＝425 μm。28 μm、8 μm AP 为非球形。

固体填料颗粒直径对推进剂药浆流变性的影响，主要是固体的比表面积，比表面积大，颗粒吸附粘合剂的量就多，这时的药浆中相对能自由流动的粘合剂量就少，药浆粘度就大。细 AP 颗粒由于是粉碎而成的，形状不规则，粒径小，在相同体积分数下，会有更大的比表面积；细 AP 表面未经处理，有极性，易吸潮，与包覆处理过的球形 AP 相比，在粘合剂中会形成絮凝结构，不易分散。综上所述，细 AP 的粒径变化对药浆粘度有特别明显的影响。

鉴于细 AP 对药浆流变性的影响，当大剂量细 AP 药浆制备时，若一次加入量少，药浆的混合效率低，不易分散润湿，易形成絮聚状团粒；若一次加入量多，混合时又易被挤成硬块，引起安全事故。所以要选择分批加料，每次加料需选择一个合适的量或连续加料时控制适宜的加料速度。

7.2.3.4　表面水分

氧化剂 AP 具有吸湿性，粒径约为 15 μm 的 AP，只要含有 0.003％的水，就可在 AP 表面形成一层单分子层，氧化剂中的水分使推进剂药浆工艺性能变差，重现性难以控制。原因首先是疏水性的高分子粘合剂不易润湿表面吸附有水分的氧化剂，使药浆流动时内部不能很好地进行动量传递；其次是吸水的氧化剂又极易结块，使氧化剂在粘合剂中的分散性变差，增加阻碍药浆流动的絮凝结构。另一方面，在聚氨酯推进剂中氧化剂吸收的水分参与固化，改变了固化反应对药浆流变特性的影响规律。

7.2.3.5　填料级配

推进剂填料粒度级配，一般依据最大填充原理，单位体积中填充量大，药浆粘度就低。图 7 - 11 所示为二级配体系最大填充分数 ϕ_m 与粒径比、质量比的关系[11]。图 7 - 11 中显示，最大装填分数 ϕ_m 随粒径比增大而增大，随体系中细粒度质量分数减少而变大，当粗粒度与细粒度的质量比变至约 7/3 时，ϕ_m 达到最大值，以后则随细粒度质量分数的减少而减小。

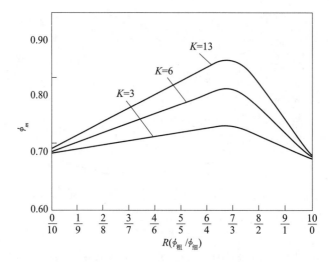

图 7 - 11　二级配粉料的 ϕ_m 与粒径比 K、质量比 $R(\phi_{粗} / \phi_{细})$ 的关系[11]

氧化剂 AP 提供的粒径品种有限，不能任意选取，氧化剂粒度级配主要是选择恰当的级数和各级颗粒的体积分数或质量分数。当固体填充体积分数为 0.58 时，各模级配所用级分在填料中所占的质量百分数见表 7 - 8，表 7 - 9 和图 7 - 12 所示为混合均匀的无固化剂药浆剪切流变性测定结果[12]。

表 7 - 8　AP 级配组成表（%）

名称	AP I $d_{50} = 337\ \mu m$	AP III $d_{50} = 133\ \mu m$	细 AP $d_{50} = 7.3\ \mu m$	Al $d_{50} = 13.3\ \mu m$
单 模	100	—	—	—
三 模	36	50.3	13.7	—
三模＋Al	28.4	39.3	10.8	21.0

如图 7 - 12 所示，单模 AP 药浆的流动曲线，在剪切速率为 10 s^{-1} 左右出现明显转折。表明药浆流体类型随剪切速率不同发生了变化，而三模 AP 药浆在 0～100 s^{-1} 的较宽剪切速率范围内，具有稳定均匀的流动曲线。拟合 10 s^{-1} 剪切速率范围内的流动曲线，均为假塑性流体，表 7 - 9 所列为剪切流变测定结果。

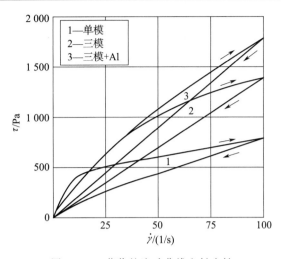

图 7-12　药浆的流动曲线和触变性

表 7-9　剪切流变测定结果（$\phi = 0.58$）

名称	τ_y/Pa	η_a^5/Pa·s	n	触变(%)
单 模	7.2	44.4	0.76	23.1
三 模	1.9	33.1	0.89	21.4
三模+Al	1.2	29.9	0.91	11.3

由表 7-9 可见，在体积分数相同的情况下，从药浆屈服值、表观粘度、假塑性指数和触变包络面积百分数来看，AP 级配成三模后与单模相比明显得到了改善，表明级配可显著改善药浆的流变性。

图 7-13、图 7-14 所示为动态流变性的测定结果比较。图中曲线表明，低频下的动态复合粘度、贮存模量，AP 级配后明显低于单模 AP，频率越低，降低越明显。这是由于药浆中 AP 采用了多粒径粒子的级配，较小粒径的 AP 粒子可以填充在较大粒子的堆积空隙中，一方面使单位体积中有效流动相的体积分数相对增加；另一方面药浆剪切流动时，小颗粒可起到如"滚珠轴承"的作用，减小药浆中聚集结构的强度和流动耗能，表现为动态复合粘度、贮存模量显著降低，屈服值和剪切粘度变小以及假塑性指数增大。

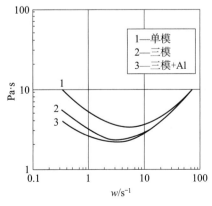

图 7-13　复合粘度频率谱

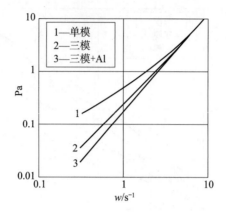

图 7 - 14　贮存模量频率谱

7.2.4　铝粉

推进剂为了提高比冲和抑制高频声振不稳定燃烧，常添加金属铝粉，根据能量和燃烧效率要求，确定配方中铝粉含量和粒径。配方铝粉含量一般在30％以内，粒径由几微米到几十微米。为了提高工艺性能，目前都使用球形铝粉，但一般不会通过铝粉含量和粒径调节药浆流变性能。

铝粉对药浆流变性的影响，主要表现在加入的量、粒径、颗粒形状和表面性质[13]。

用 A（$d_{50}=13.5\ \mu m$，非球形）、B（$d_{50}=14.7\ \mu m$，球形）、C（$d_{50}=24.2\ \mu m$，球形）三种不同粒径和形状的铝粉制成没有固化剂的铝粉/HTPB 药浆。图 7 - 15 是非球形铝粉 A 在各种体积分数下的粘度曲线。$1^{\#}\sim6^{\#}$ 为体积分数从0.13～0.46的粘度曲线，$0^{\#}$ 为粘合剂体系单独的粘度曲线。由图 7 - 15 可见，在初始剪切的几个 s^{-1} 的剪切速率后，不同体积分数的粘度曲线随剪切速率增加的变化，均与横轴平行，也与 HTPB 粘合剂体系的粘度曲线相平行。说明在此剪切速率范围内铝粉药浆粘度与剪切速率无关，呈牛顿流动特征且铝粉间无假塑性结构破坏。

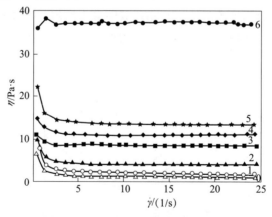

图 7 - 15　非球形铝粉 A 的粘度曲线

如图 7-16 所示，药浆贮存模量的频率谱随铝粉含量的变化呈平滑状向上平移，无衰减峰。上述稳态和动态流变测试结果说明，药浆中没有因加入铝粉而形成附加结构，铝粉颗粒间不存在相互作用，流变性变化主要是由于铝粉的加入量和形状因子不同。

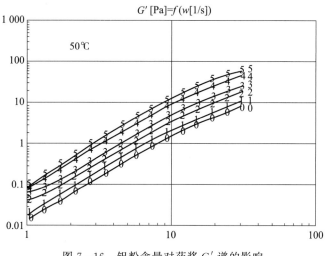

图 7-16　铝粉含量对药浆 G' 谱的影响

由图 7-17 可见，铝粉在一定的低体积分数范围内，粘度很小，随体积分数增加，变化也很小。当达到一个临界体积分数时（如图中的 0.4）以后，粘度急剧上升，粘度随体积分数变大而增加的幅度也不同。不同粒度和形状的铝粉，临界体积分数也不同。非球形铝粉的临界体积分数小于粒度相当的球形铝粉，粘度增长率大于球形铝粉。球形铝粉粒度范围为 $14.7 \sim 24.2\ \mu m$，临界体积分数相当，粒度大的粘度增长率反而小。

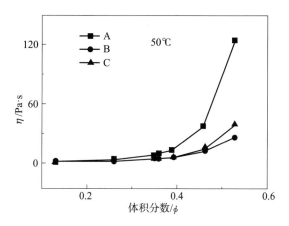

图 7-17　粘度与铝粉体积分数的关系

铝粉加入量和颗粒形状影响药浆流变性，一般认为[14]悬浮液中主要存在三种作用，固体和液体介质间的流体动力学作用，具有相互作用的颗粒间的聚集作用，颗粒接触时的摩擦作用。因药浆中铝粉颗粒间无相互作用，故不存在铝粉颗粒间的聚集，能充分均匀地分散。当铝粉加入量少于临界体积分数时，主要是两相的流体动力学作用，增加了剪切粘度和动态粘弹性。超过临界体积分数时，铝粉颗粒间开始有接触，受力流动时，除有流体动力学作用外还有颗粒间的摩擦作用，随体积分数的继续增大，摩擦作用急剧增大。相当粒径的非球形铝粉间的摩擦作用又比球形的大，球形铝粉粒径小的比粒径大的大。

铝粉和氧化剂共同组成的推进剂填料体系，在推进剂填料的体积分数为 0.58 的药浆中，用铝粉按比例取代三模级配中各粒径的 AP，如表 7-8 所示组成三模级配的 AP＋Al 体系。表 7-9 和图 7-13、图 7-14 是各模级配下流变测定结果，由表和图可见，铝粉显著改善了三模级配 AP 药浆的流变特性。这是由于铝粉和 AP 的表面性质不同所致，在 HTPB 粘合剂中，铝粉颗粒间不存在相互作用而聚集，AP 颗粒却因表面吸附有微量水分等因素而絮聚。铝粉表面的活性铝和氧化铝膜有微碱性而 AP 表面为酸性，由于酸碱作用，铝粉很容易均匀地分散填充于 AP 颗粒间，减弱 AP 颗粒间的聚集作用，使级配后小颗粒的"滚珠轴承"效应更明显，表明铝粉可显著改善推进剂药浆的流变性。

7.2.5　功能组分

根据推进剂性能及制造要求，需要推进剂配方中加入相应的组分进行调节，如工艺助剂、键合剂、防老剂和燃速催化剂等，这些组分即是推进剂的功能组分。功能组分在配方中用量很少，通常在千分之几至百分之几（最多），但作用巨大。鉴于它们的作用机理，要改善推进剂的一些内在结构，当然也会影响药浆的流变性能。所以使用推进剂功能组分时，要考察它们对流变性的影响，反之也可用流变学手段，研究功能组分在推进剂中可能的作用机理。

7.2.5.1　工艺助剂

工艺助剂包括稀释剂和表面活性剂。

（1）稀释剂

复合固体推进剂研制初期，在氧化剂辊片后加入稀释剂，使药浆具有流动性以解决火箭发动机药柱的贴壁浇注问题。设想稀释剂只在推进剂工艺过程中起作用，经真空浇注工艺过程给予除掉。稀释剂的选择原则是：不与配方其他组分发生化学反应，易挥发，与粘合剂系统溶混性好。值得注意的是，稀释剂有时并不像期望的那样，在真空浇注中被全部抽除，残留部分在药柱固化和以后存放期间会慢慢挥发，这就会影响推进剂力学性能和贮存性能[15]。

（2）表面活性剂

表面活性剂用于改善填料界面与粘合剂系统的润湿，使填料容易分散而不致絮凝聚集成团，减小药浆中阻碍流动的结构强度，降低屈服值和粘度。不同性质的填料界面和粘合剂系统，要选用不同品种的表面活性剂。配方中同时存在多种性质的填料界面，要分析和找出影响药浆流变性的一个或两个主要界面进而选择相应的表面活性剂。

推进剂表面活性剂的选择，可通过接触角和表面张力的测定与估算进行。要求所选的表面活性剂既能在填料表面形成稳定的粘附层，又能与粘合剂系统表面张力相匹配。如能与填料表面形成化学粘结，则粘附层更牢固。杜磊等设计了用作工艺助剂的化合物 PA，改善了高燃速丁羟推进剂的工艺性能[16]。推进剂实际研制中选择表面活性剂通常是在一般理论指导下，选取若干助剂样品，制成药浆，经流变测定进行选择和评价。

推进剂常用的工艺助剂有十二烷基硫酸钠、高级醇酸酯、卵磷脂和聚酰胺类等[17-18]。图 7 - 18 所示为工艺助剂对 HTPB 粘合剂体系粘度曲线的影响。图 7 - 19、图 7 - 20 所示为工艺助剂分别对加有细 AP 和球形 AP 的粘合剂体系动态流变性的影响。

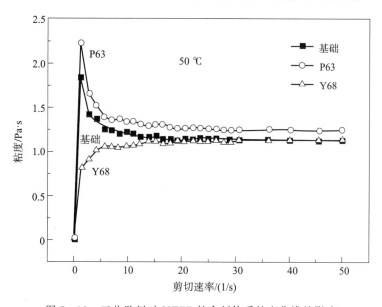

图 7 - 18　工艺助剂对 HTPB 粘合剂体系粘度曲线的影响

基础—HTPB 粘合剂体系；Y68—高级醇酸酯类工艺助剂；P63—酰胺类工艺助剂

从图 7 - 18 可见，HTPB 粘合剂体系的粘度曲线，有一初始粘度的过冲。表明在粘合剂体系中存在一种整体结构，这是由于 HTPB 大分子间的缠结或分子间次价力的作用所致，但强度很小且随剪切速率稍有增加，即予破坏，之后随剪切速率增加几乎成一平行的粘度线，粘度基本恒定。

粘合剂体系加入助剂 Y68 后，粘度过冲消失，而加入 P63 后粘度过冲增大，但在较高剪切速率下的粘度曲线也为一平行线，位置与基础的 HTPB 粘合剂体系相当。由于 Y68 是直链碳的酯，无强极性，结构与粘合剂相似，相比之下分子量较小，与粘合剂体系有良好的相溶性，这样在大分子间可起到润滑作用，从而破坏基础粘合剂体系中的弱粘接结构。表现为粘度过冲消失，但这种润滑作用整体很弱，不能明显改善体系在大形变下，流动元间的相对位移阻力，所以较高剪切速率下的粘度曲线与基础曲线基本相重合。P63 是酰胺化合物，极性强，可增加粘合剂体系的初始整体结构强度，使粘度过冲增大。但总体还是一种极性吸引的弱结构，随剪切增强易被破坏，粘度曲线与基础体系粘度曲线平行，但位置稍偏上。综上所述，表面活性剂还可适当调整粘合剂分子间的作用。

工艺助剂通过改善填料在粘合剂体系中的固/液界面性能，达到改善药浆流变性的效果。图 7 - 19、图 7 - 20 中分别示出来了 Y68 对球形 AP 和细 AP 两种填料体系动态流变参数的影响，曲线显示的复合模量和复合粘度的形状相当，位置基本重叠。P63 使细 AP 体系的低频复合模量大幅降低，下降约一个数量级，以后随频率增加逐渐与基础曲线相接近，但仍明显较低。对球形 AP 的动态模量和粘度曲线的影响，使曲线的位置稍低。表明 P63 由于极性，可吸附到有极性的细 AP 表面，而改善细 AP 与粘合剂体系液体的润湿和在其中的分散。由此可见，P63 改善药浆流变性，主要是通过改善细 AP 的界面性能来实现。

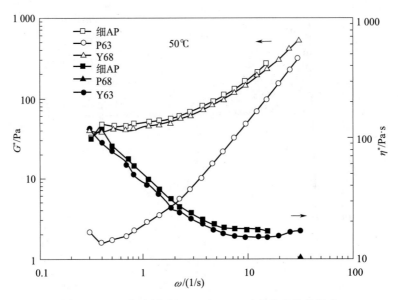

图 7-19　工艺助剂对细 AP/HTPB 动态流变性的影响

7.2.5.2　键合剂

键合剂也称为结合剂、偶联剂，它通过物理的或化学的作用，增强和改善填料和粘合剂基体间的联结。推进剂中使用的键合剂有氮丙啶类、醇胺类、多胺类及它们的衍生物，还有有机硅烷类及中性聚合物键合剂等。根据各种推进剂体系，设计使用的填料和粘合剂的种类及各自特性，一般会选择不同品种的键合剂。在推进剂中使用键合剂，主要是为了提高推进剂的力学性能，但由于它们的这些物理的或化学的作用，当然也会影响药浆中流动元的结构和相互作用，进而影响药浆的流变性。

7.2.5.2.1　氮丙啶类化合物

氮丙啶类化合物 MAPO 是 CTPB 推进剂的固化剂[19]，在 HTPB 推进剂中则是键合剂[20]。图 7-21～图 7-23 所示为 MAPO 对 HTPB 粘合剂体系粘度曲线及粘合剂体系中细 AP 和球形 AP 的动态流变性的影响。

由图 7-21～图 7-23 可见，MAPO 使粘合剂体系初始粘度过冲消失，以后较高剪切速率下的粘度与基础粘合剂体系的粘度相当。同时使细 AP 体系的复合模量曲线下降，随频率增加下降越明显。低频下贮存模量变大，衰减峰消失，随频率增加，始渐次变化平稳且与球 AP 型体系的复合模量和贮存模量曲线基本重叠，仅值稍低，表明 MAPO 与细 AP

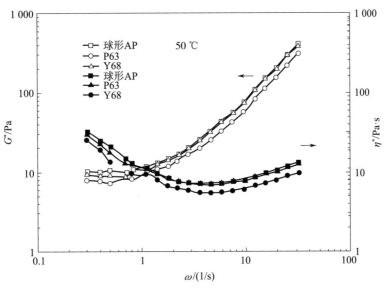

图 7-20 工艺助剂对球形 AP/HTPB 动态流变性的影响

注：使用的球形 AP 粒径为 100～140 目。

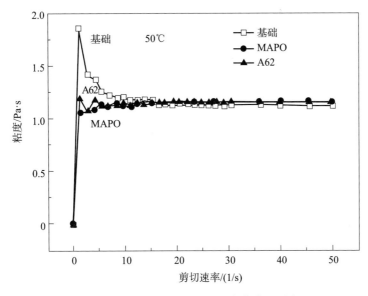

图 7-21 MAPO 和 A62 对粘度曲线的影响

间有明显作用。

表 7-10 所列为功能助剂对 HTPB/AP/Al 药浆工艺性能的影响[21]，样品为混合完毕出料所取。表中结果显示，MAPO 明显降低了出料药浆的屈服值和表观粘度，分别由 58.4 Pa（基础）和 707.5 Pa·s（基础）降低至 41.6 Pa 和 435.5 Pa·s，剪切速率指数由 0.88（基础）增至 0.90。MAPO 可使药浆更接近牛顿体，表明 MAPO 的加入，降低了药浆内部的结构强度，使流动元间更易发生流动。

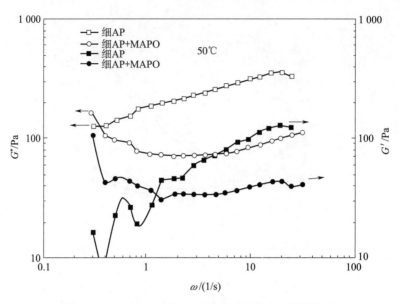

图 7 - 22　MAPO 对细 AP/HTPB 动态流变性的影响

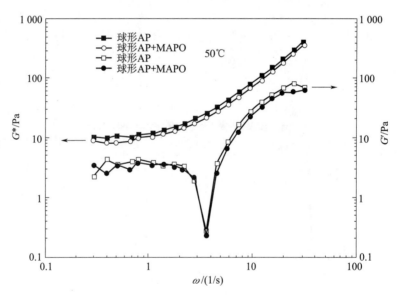

图 7 - 23　MAPO 对球形 AP/HTPB 动态流变性的影响

表 7 - 10　功能助剂对推进剂工艺性能的影响

组分	τ_y /Pa	η_a /Pa·s	n (0.5~2.5 s^{-1})	工艺性能
基础	58.4	707.5	0.88	一般
MAPO	41.6	435.5	0.90	良好
A62	27.3	232.0	0.86	良好

由于 MAPO 是小分子化合物，无强极性基团，且与 HTPB 粘合剂体系相溶性良好，所以它在粘合剂大分子间可起到内润滑作用，从而破坏粘合剂体系的某种弱粘接结构，使粘度过冲消失。MAPO 是推进剂中 AP 的键合剂，由于三元氮杂环的构象都是平面形，键角小，环有较大的张力，易开裂，因此质子酸是使氮杂环丙烷开环聚合的有效催化剂[22]。体系中细 AP 是经粉碎而成的，表面未经包覆处理，酸性外露，MAPO 的氮丙环在受到细 AP 酸性作用后会开环自聚。在细 AP 表面形成包覆膜，使其成为具有高表面能的细 AP，提高界面润湿性，改善分散状态。MAPO 不仅能改善 HTPB 粘合剂体系粘度过冲，也能改善推进剂复杂体系的流变性，使药浆的屈服值、表观粘度和假塑性明显降低，工艺性能变好。

7.2.5.2.2　中性聚合物键合剂

NPBA 是用于 HMX 的一种中性聚合物键合剂，可以显著提高 NEPE 高能固体推进剂的力学性能[23-24]，它对含有 HMX 的推进剂体系流变性的影响一直是人们关注的问题。

在硝酸酯增塑的聚醚粘合剂体系加 HMX 组成的药浆中，图 7 - 24 和图 7 - 25 是 NPBA 对药浆流动曲线和复合模量频率谱的影响；表 7 - 11 列出了实测流变参数值的结果，表中剪切速率指数由 H - Bulkleg 模型拟合所得。实验体系的 HMX 体积分数为 0.47，NPBA 的加入量为 HMX 质量的 1.0%。

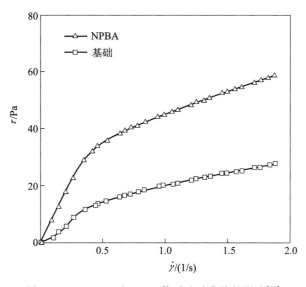

图 7 - 24　NPBA 对 HMX 体系流动曲线的影响[25]

表 7 - 11　NPBA 对 HMX 流变性影响（$\phi = 0.47$）

HMX No.	NPBA(%)	τ_y /Pa	η_a /Pa·s	n^*
6#	0	9.9	34.2	0.74
	1.0	35.3	96.3	0.62
11#	0	5.4	20.3	0.76
	1.0	13.3	45.3	0.69

注：* 表示 0.5～2.0 s^{-1}。

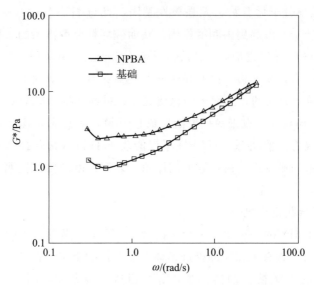

图 7 - 25   NPBA 对 HMX 体系动态复合模量的影响[25]

由图 7 - 24 和表 7 - 11 的结果可见，HMX 体系中加入 NPBA，使流动曲线大幅度上移，实测屈服值、表观粘度增加 2～4 倍，剪切速率指数显著减小。可以认为这是由于 NPBA 分子极性基团间有较强的次价力和大分子的形态特点。当 NPBA 吸附并包覆在 HMX 颗粒表面时，增强了 HMX 颗粒间的作用和整个流体的结构强度，这时体系要克服较高的阻力后才能流动，且流动时的粘性阻力也大，并伴随流体结构的破坏，这一结果证实了 NPBA 已聚集于体系中 HMX 的颗粒表面。

由图 7 - 25 可见，NPBA 对低频复合模量影响大，随频率增加，与基础模量逐渐接近最后与之相当。说明 NPBA 可增加流体结构强度，但随着频率增加，这种临时性结构遭到破坏，最终显示 HMX 基本粒子的特征。可认为 NPBA 在 HMX 表面起的是物理键合作用，并未形成牢固的界面层。当频率增加时，动态振荡的作用力大于 NPBA 在 HMX 表面的键合力，使吸附层减弱，这时体系的动态力学响应就像未加 NPBA 时的 HMX 体系一样，即显示 HMX 基本粒子的特征。

NPBA 是 HMX 颗粒的界面键合剂，要起到完全良好的作用，显然有一合适加入量的问题。如图 7 - 26 所示为 NPBA 不同加入量对 HMX 体系流变性的影响。

由图 7 - 26 可见，体系表观粘度值随 NPBA 加入量增加而升高，说明 NPBA 使推进剂工艺性能变差，随含量增加而愈益恶化。当达到一定量时，趋于平稳；以后继续增加 NPBA 的加入量，其值再次明显增加。根据界面活性剂影响性能的规律，加入量少时，NPBA 的量只够覆盖部分 HMX 颗粒表面。随着 NPBA 加入量增加，被覆盖的颗粒表面逐渐增多，所以图中初始段的曲线，随 NPBA 含量增加而上升。当加入 NPBA 达一定量时，HMX 颗粒表面全部被覆盖，这时曲线出现平台。以后如继续增加 NPBA 的加入量，则多余的 NPBA 将自身缔合，形成胶束，使流变性再次发生明显变化，曲线再次呈上升趋势。NPBA 含量与粘度间的相关规律，揭示了如何选择 NPBA 含量来调节力学性能，实际配

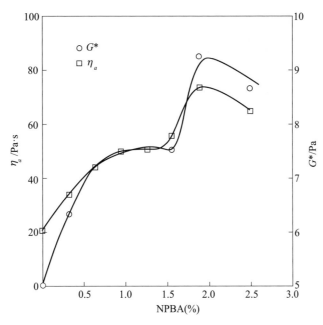

图 7 - 26　NPBA 含量对 HMX 体系流变性的影响[25]

方中 NPBA 加入量适宜,应以推进剂力学性能的判断为准。

　　NPBA 是一种带有极性和活性基团的中性聚合物键合剂[23-24],它所起的各种作用受动力学过程的影响。将浆料放置在 50 ℃下,看流变性随放置时间的变化,药浆混合完为起始时间,结果列于表 7 - 12。

表 7 - 12　NPBA 影响流变性的时间效应

时间/min	温度/℃	η_a /Pa·s	E^* /kJ·mol^{-1}
0～30	50	69.7	12.2
111～141	50	77.3	11.2
347～375	50	86.8	13.9

注:* 表示 40～65 ℃。

　　由表 7 - 12 可见,体系浆料随放置(在 50 ℃下)时间增长,表观粘度逐渐增加,流动活化能在起始 2 小时内变化不大,随后略有增加。显然这可能是 NPBA 分子基团发生了重整。由于 NPBA 为大分子化合物,分子的热运动松弛时间较长,致使键合作用的过程存在明显的时间效应。这一特征表明在配方中使用聚合物键合剂时,要合理控制和利用其作用的时间效应。

　　MAPO 是 HTPB 推进剂中 AP 的有效键合剂[20],NPBA 则是硝酸酯增塑聚醚推进剂中 HMX 的键合剂[23-24]。在硝酸酯增塑的推进剂体系中,MAPO 和 NPBA 对 AP 的作用如何?图 7 - 27 和图 7 - 28 分别示出了 MAPO、NPBA 对流动曲线、屈服值和表观粘度的影响。

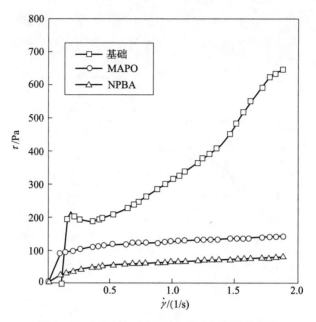

图 7 - 27   MAPO、NPBA 与细 AP 的流动曲线

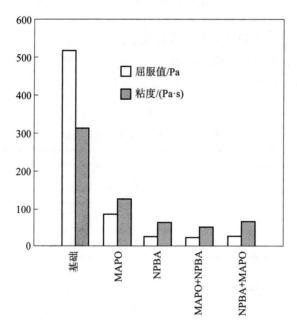

图 7 - 28   MAPO、NPBA 与细 AP 的流变性比较

　　由图 7 - 27 可见，细 AP 体系中加入 MAPO、NPBA 后，流动曲线位置显著降低，形状变得规则且平稳。图 7 - 28 更显示 MAPO、NPBA 大幅度地降低了细 AP 体系的屈服值和表观粘度。与基础体系相比，MAPO 可降低至四分之一，NPBA 的改善效果比 MAPO 强一倍以上。上述结果表明，MAPO、NPBA 均可改善体系中细 AP 的分散性，减小流体结构强度，使膏状物变成具有很好连续状且稀的流体。故在硝酸酯增塑的聚醚体系中，

MAPO 仍可在 AP 酸性的催化作用下于细 AP 颗粒表面开环自聚，最后形成聚合膜。而原来设计用作 HMX 键合剂的 NPBA，意外地显示了还是细 AP 的优良工艺助剂，对 NPBA 的深入认识和利用，将有助于调节和控制硝酸酯增塑的聚醚推进剂的工艺性能和力学性能。

由图 7-28 可知，MAPO、NPBA 组合使用，加入次序不同，屈服值和表观粘度的降低效果与 NPBA 单独作用相当。

作为细 AP 的优良工艺助剂，NPBA 的适宜加入量范围则是一个需要了解的参数。图 7-29 所示为 NPBA 加入量对细 AP 体系流变性的影响。NPBA 的加入量以占细 AP 的质量分数表示。

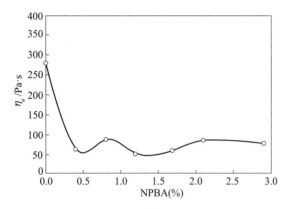

图 7-29　NPBA 加入量与细 AP 体系表观粘度的关系（$\phi = 0.40$）

由图 7-29 可见，当 NPBA 加入量为细 AP 质量的 0.4％时，体系流变性得到了显著改善，加入量在 0.4％～2.9％变化，改善体系流变性的效果差别不大。由此可知，NPBA 对细 AP 作用的适宜加入量应不小于细 AP 质量的 0.4％为宜。

7.2.5.2.3　醇胺类衍生物

醇胺类衍生物是改善聚氨酯推进剂力学性能的有效键合剂[26]，表 7-13 和图 7-30[27] 所示为醇胺衍生物 ZAB 对 HTPB/Al 体系流变性的影响。

表 7-13　ZAB 对 HTPB/Al 体系流变性的影响

特征	无固化剂		加固化剂	
	η_a /Pa·s	n	η_a /Pa·s	n
基础	5.55	0.95	6.69	0.99
ZAB	6.25	0.95	5.41	0.99

由表 7-13 可见，醇胺衍生物使无固化剂 HTPB/Al 体系的粘度升高，由图 7-30 中的动态流变性曲线可见，醇胺衍生物使低频下的动态粘度和复合模量增加，随频率增加动态粘度和复合模量的增加量逐渐减小，最后两者呈平行状。

这是由于铝粉及其表面的氧化铝膜呈弱碱性，而醇胺衍生物中的某些基团有明显酸

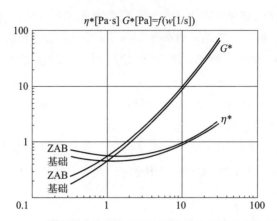

图 7 - 30　醇胺衍生物对 HTPB/Al 体系动态流变性的影响

性，经酸碱作用，可使醇胺衍生物附聚于铝粉颗粒周围，形成一定厚度界面层。这时，铝粉界面层中的羟基、酸性基和叔胺基等基团间，既有形成氢键的倾向，又可产生极性间、酸碱间的吸引作用，使铝粉颗粒间形成弱粘接结构而聚集，导致剪切粘度和低频动态粘度和复合模量的增加。但这种粘接结构在外力作用下又易被破坏，故随频率增加，图中曲线间曲线距离逐渐减小，最后与基础体系的曲线呈平行状，仅位置偏上，表明醇胺衍生物在铝粉颗粒表面形成了一个很牢固的附聚层。

　　由表 7 - 13 可见在加固化剂的体系中，醇胺衍生物对流变性的影响则相反，粘度变低。这是由于铝粉表面醇胺衍生物中的醇胺参加固化反应。醇胺的羟基与固化剂的异氰酸根发生反应，一方面生成内聚能密度大的氨基甲酸酯基，增加铝粉颗粒间的作用，增加粘度。另一方面，在固化剂量相同的条件下，醇胺与异氰酸根反应，就会减少粘合剂与固化剂的反应概率，使粘合剂分子增大减缓，粘合剂体系的粘度增长也降低。醇胺的羟基一般会与固化剂中活泼的异氰酸根首先反应，活性差的异氰酸根暂时滞留在铝粉表面，若这些异氰酸根又与粘合剂的羟基反应，就会使铝粉颗粒与大分子相连，药浆流动时改善二相流的连续性，降低粘度。这些作用综合的结果表现为醇胺衍生物在有固化剂的 HTPB/Al 体系中降低粘度。

7.2.5.3　防老剂

　　推进剂药柱是由高聚物粘合剂加上含能填料制成的特种橡胶复合材料，在加工、贮存、使用过程中，性能要受到热、氧、重金属离子和环境等因素的影响而老化，所以推进剂配方设计中一般要加有防老剂。聚合物材料中广泛使用的防老剂，有酚类的 264、2246、胺类的 4010NA、4020、688、DNP 等，它们通过分子中含有的 O—H 或 N—H 反应基团，抑制终止游离基、分解氢过氧化物和钝化重金属离子，使高分子材料稳定，达到防老化的目的[28]。

　　防老剂中有反应基团，它们对推进剂体系流变性有何影响、机理如何，这点需要给予关注。图 7 - 21 显示了胺类防老剂 A62 对推进剂粘合剂体系流变性的影响，由图 7 - 21 可见，A62 可使 HTPB 粘合剂体系的初始粘度过冲消失。

　　图 7 - 31、图 7 - 32 所示为防老剂对 AP/HTPB 药浆流变性的影响。图中曲线表明，A62 对球 AP/HTPB 体系几乎没有影响，但可显著降低细 AP/HTPB 体系的复合模量和复合粘度，低频下尤甚，几乎低达约一个数量级。随频率增加才渐次接近，表明 A62 对细 AP 有很好的表面活性作用。

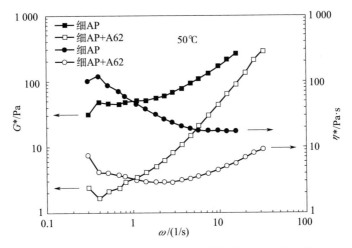

图 7 - 31　防老剂对细 AP/HTPB 药浆动态流变性的影响

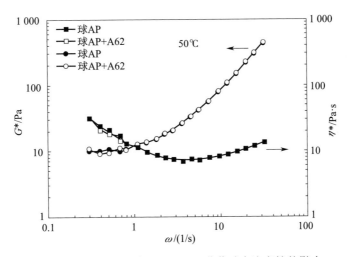

图 7 - 32　防老剂对球 AP/HTPB 药浆动态流变性的影响

　　表 7 - 10 列出了防老剂 A62 对 HTPB/AP/Al 药浆屈服值、表观粘度的影响数据。从表中的结果可见，防老剂在推进剂中可大幅降低药浆屈服值、表观粘度，起到一种很好的工艺助剂的作用。这是由于 A62 是胺类化合物，呈一定的碱性，与离子型化合物的酸性细 AP 有很好的亲和性，起到良好的表面活性作用。故可改善细 AP 的界面润湿和在体系中的分散性，以致明显改善推进剂的工艺性能。

7.3　工艺因素影响

影响推进剂流变性的工艺因素，主要是推进剂混合过程的工艺设备和工艺参数两部分。混合是推进剂制造过程的一个十分重要和关键的工序，前期固体组分的混入十分危险，但又要将各组分混合均匀，所以混合时的药浆必须要有适宜的稠度，才能既可保证混合效率，又可实现混合安全。

7.3.1　混合机

推进剂研制的不同阶段，会使用不同大小的混合机，配方研制一般用小型混合机。产品生产时，根据产品装药量、配方特征和成形工艺，有时要用到百升甚至更大以至千升级的混合机。将在小型混合机中调制的配方扩大到用大型混合机生产产品，必须要知道所用大小混合机对推进剂性能的影响，首先是工艺性能也即药浆流变性的差别。

制备复合固体推进剂药浆的混合机，主要有卧式和立式，立式混合机又有平底锅形和锥形。不同形状的混合机，混合效率不同。一般认为立式比卧式的混合效率高，同一类型混合机，尺寸大的混合机功率大。在相同转速下，搅拌桨叶外缘线速度大，可产生较大的剪切速率，混合效率高。图 7-33 是四种不同混合机制备 80% 固体含量的 CTPB 推进剂药浆的粘度情况[29]。

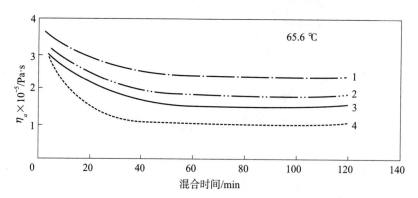

图 7-33　各种混合机对药浆粘度-混合时间曲线的影响

1—130 L 立式平板桨混合机；2—150 L 卧式 S 型桨混合机；

3—150 L 锥形立式混合机；4—570 L 立式平底桨混合机

图 7-34、图 7-35 所示为用 5 升和 100 升两种立式混合机来混合硝酸酯聚醚推进剂，药浆表观粘度和假塑性指数随出料后时间的变化结果。图中结果显示，混合机制备药浆的表观粘度和假塑性指数，100 升均大于 5 升混合机，n 值接近 0.70，比 5 升的 0.60 为高，药浆更接近牛顿流体。表明混合机越大，混合效率越高，药浆流变性就越好。

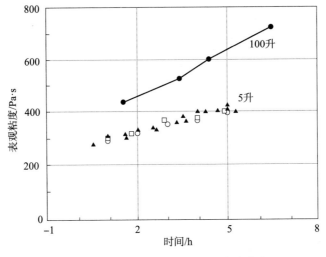

图 7 - 34　混合机大小对表观粘度的影响

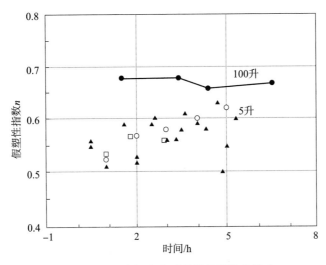

图 7 - 35　混合机大小对假塑性指数的影响

7.3.2　混合时间

当混合机输入功率一定时，混合时间越长，混合机可为物料提供越多的功和能量，用于克服药浆中固/液界面阻力。增加填料表面润湿性和分散性，使混合均匀，改善药浆流变性。图 7 - 36 所示为用 150 升锥形立式混合机混合 PVC 推进剂，药浆粘度与混合时间的关系[30]。图中曲线显示，混合时间增长，粘度下降，PVC 推进剂在混合 40 分钟后，粘度达最小值，以后变化平缓。

不同配方达粘度最小值的时间不同，高粘度配方通常需较长时间的混合，才能达到粘度最小值。在安全允许限以内，增加混合机转速和延长混合时间会有相似效能。

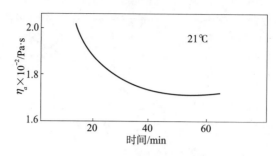

图 7 - 36　药浆粘度与混合时间

　　推进剂混合一般分三个阶段，分别是预混、混匀和固化剂混合。预混阶段是将除固化剂外的所有其他组分与铝粉混成稀浆，然后分期分批将 AP 等氧化剂混入，目的是安全地制成初始药浆。混匀阶段是将初始药浆混合均匀，一般在安全允许的前提下，用较快的转速混合一定时间。固化剂混合是将固化剂在药浆中混合均匀。所谓混合时间的影响，主要是指混匀阶段的混合时间与推进剂流变性的关系。

　　图 7 - 37、图 7 - 38 是混合时间与屈服值和动态复合模量的关系[31]，混匀阶段采用快速混合。

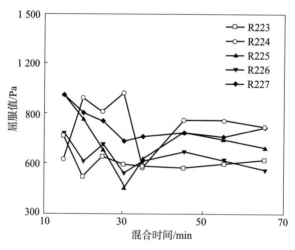

图 7 - 37　混合时间与屈服值

　　考虑到安全原因，初始药浆的混合转速低、混合时间短，外界输入药浆体系的能量较少，固体颗粒表面润湿不完全，固体组分只能一定程度的分散，分布不均匀。剪切形变时，二相运动的同步性差，药浆动力学阻力和远程结构强度大，如图 7 - 37 和图 7 - 38 所示，起始的屈服值和动态复合模量大。随混匀阶段采用快速混合和时间的增长，外界对药浆体系输入的能量逐渐增多，一部分能量用于固体颗粒的分散，另一部分能量用于克服固-液界面阻力，增加颗粒的表面润湿。快速混合的时间越长，固体组分的分散和界面的润湿越充分，药浆的结构强度越小，屈服值和复合模量就越低。快速混合一定时间后，屈服值和复合模量达到一个较低的水平，以后变化平缓，表明推进剂组分已混合均匀。

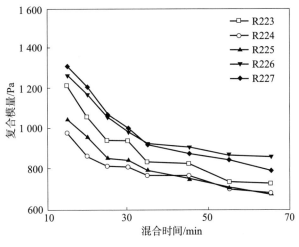

图 7 - 38　混合时间与复合模量

　　同一配方体系，混匀阶段流变性的变化遵循相似规律，仅低点平缓值的大小略有差异。这是配方变化的结果但并不影响混合均匀性结果的判断。

　　推进剂混匀阶段的混合工艺时间对药浆流变性有明显影响。表 7 - 14 和图 7 - 39 是混匀阶段快速混合工艺时间对 HTPB/IPDI 推进剂工艺性能和固化药面状况的影响，各配方加固化剂后的混合工艺和浇注工艺均同。

表 7 - 14　快速混合时间对工艺流变性的影响

编号	快速混合/min	固化剂前			出　料		
		τ_y /Pa	η_a /Pa·s	n	τ_y /Pa	η_a /Pa·s	n
R229	0	551.8	808.5	0.31	365.2	608.0	0.41
R230	10	472.1	736.3	0.34	311.4	546.9	0.44
R231	20	388.0	696.1	0.34	223.2	474.8	0.49

　　由表 7 - 14 可见，固化剂前高速混合时间越长，出料药浆屈服值和表观粘度降低越多，假塑性越小；图 7 - 39 中的推进剂固化药面显示，快速混合时间越长，表面越平，说明推进剂工艺流变性能越好。

图 7 - 39　快速混合时间对推进剂固化药面的影响

7.3.3　混合温度

混合温度对药浆流变性有很大影响，这是由粘合剂是高分子熔体和推进剂的热固性特征决定的。高分子熔体的粘度对温度很敏感，温度高，粘合剂体系粘度低，有利于固体组分颗粒的界面润湿和分散，使药浆均匀性好，降低药浆粘度。温度要影响固化反应速度和反应历程，温度高则固化速度快，粘合剂分子的扩链和交联速度快，增加药浆粘度。但固化速度快，使氨基甲酸酯基含量增加也快，又有利于降低药浆粘度。此外，混合温度高，又会增加药浆可能燃烧和爆炸的危险性。所以推进剂工艺混合温度的选择，要在混合安全的前提下，考虑药浆增粘和降粘间的合理平衡。

图 7-40 所示为 5 升立式混合机制备药浆，混合温度对硝酸酯聚醚推进剂出料药浆的流变性影响。由图可见，随混合温度增高，出料药浆屈服值、表观粘度降低，40～50 ℃降低明显，50～55 ℃变化不大，到 60 ℃时，进一步下降至更低水平。不同粘合剂体系的推进剂，同一种粘合剂采用不同固化剂，制备推进剂的混合温度不同，对出料药浆流变性的影响规律也会不同。

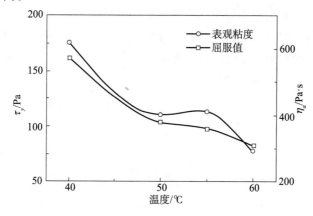

图 7-40　混合温度对出料药浆流变性的影响

图 7-41、图 7-42 所示为出料后至 8 小时内混合温度对药浆流变性的影响。由两图可见，混合温度低，流变性时间曲线的位置高，温度升高，曲线下移。屈服值曲线则随时间增加，变化平缓，60 ℃时呈下降趋势。表观粘度曲线，随时间增加而升高，但随温度升高，陡升变缓，即温度高粘度增长慢。这是由于出料时的药浆，固化剂混入时间短，固化反应形成的扩链和交联结构影响小，药浆中的次价力影响占比高。温度高，次价力将减弱，药浆易流动，药浆的屈服值和表观粘度随温度升高而降低。同样由于固化体系反应速度慢，在图中出料后 8 小时内，固化反应的影响与降低的次价力相比，只起次要作用，导致在 60 ℃下，粘度增长很慢。

选择推进剂的混合工艺温度，要根据出料时和适用期内药浆的流变性。选择高的混合温度，容易混合均匀，但推进剂组分有易燃、易爆和有毒的特性，基于混合的安全性故希望混合温度较低为宜。此外还要考虑实际温度控制的难易和能耗等因素，一般在 40～60 ℃ 间选择。

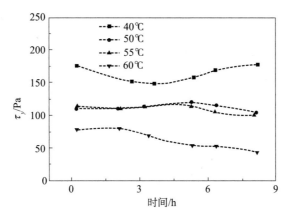

图 7 - 41　混合温度对药浆屈服值的影响

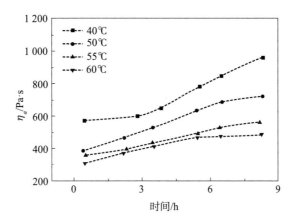

图 7 - 42　混合温度对药浆表观粘度的影响

7.3.4　加料次序

推进剂药浆混合要有适当的稠度，太稠会发生干混且不安全，混合也不匀；太稀，混合机无法将能量有效提供给药浆，使固体填料不易润湿、分散，混合效果差。推进剂有些组分间有相互作用，根据混合过程的安全、易混和减少不利作用的要求，推进剂混合时要按一定的加料次序。加料次序的改变会造成药浆不同的流变性能。

7.3.4.1　AP 和 HMX 加入次序

图 7 - 43、图 7 - 44 所示为聚醚体系中 AP 和 HMX 加料次序对屈服值和表观粘度的影响。

由图 7 - 43、图 7 - 44 可见，当 HMX 混匀后再加入 AP，曲线在下方，药浆的屈服值和表观粘度低。表明加料次序 AP 在 HMX 后面加，有利于改善工艺流变。原因可能是，由于 NPBA 已加入预混好的稀浆中，呈强极性的 NPBA 是 HMX 的键合剂，对细 AP 也有很好的表面活性作用。当 AP 先于 HMX 加入，NPBA 首先对 AP 起表面作用，其余

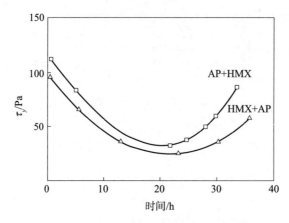

图 7-43　AP、HMX 加入次序对屈服值影响

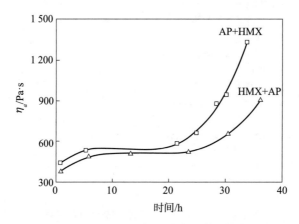

图 7-44　AP、HMX 加入次序对表观粘度影响

的 NPBA 才对 HMX 起表面作用；而若 HMX 先于 AP 加入，NPBA 将首先吸附于 HMX 表面，HMX 颗粒间因表面的极性形成聚集，增加药浆的结构强度；当后面再加入 AP，吸附于 HMX 表面的 NPBA，由于能对细 AP 起表面活性作用使细 AP 均匀分散，具有很好流动性的细 AP 可减弱 HMX 颗粒间的聚集结构，降低药浆内部的结构强度，从而曲线下移改善药浆流变性。

7.3.4.2　键合剂加入次序

图 7-45 和图 7-46 所示为键合剂加入次序对药浆流变性的影响结果。由图 7-45 和图 7-46 可见，当 AP＋HMX 混匀后加入 NPBA，药浆屈服值和表观粘度的曲线在上位。而 NPBA 混匀后，再加入 AP＋HMX，曲线下移，药浆屈服值和表观粘度降低。这是由于 NPBA 对 HMX 的键合作用和对细 AP 的表面活性作用，在不同的加料次序下，平衡各种作用的先后次序和作用程度的结果。

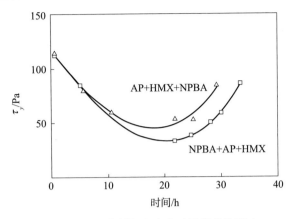

图 7 - 45　键合剂加入次序对屈服值的影响

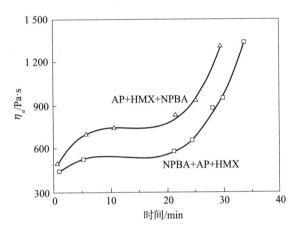

图 7 - 46　键合剂加入次序对表观粘度的影响

7.3.4.3　AP 加入次序

　　AP 是推进剂的主要固体组分，一般占配方质量的 60% 以上，为了安全、有效地混合，通常需分批加料。AP 含量为 69% 的 HTPB 推进剂，AP Ⅲ、AP Ⅳ 为 33% 和 36%，AP 按单独和组合两种加料次序进行加入混合。混匀期间每隔一定时间取样，测定药浆动态流变性能，图 7 - 47 所示为 AP 加料次序对药浆性能的影响。

　　图 7 - 47 显示，AP 加料次序对混合前期的流变性有明显影响，AP 组合加料使药浆复合模量比单独加（5 280 Pa），降幅达二分之一多。表明在前期混合过程中，按单独的加料次序时，AP 是在高的药浆结构强度下进行加料混合的，这是很危险的前期混合阶段。而粗细两种 AP 组合加入时，符合颗粒级配原理，小粒填于大粒空隙，从而紧密堆积。这利于将混合的力均匀地输入药浆体系，克服固/液界面间的阻力，使固体颗粒较快地均匀分散于液相，大幅降低药浆前期混合强度，增加混合安全性。图 7 - 47 中的曲线还表明，单独加的加料次序在前期混合一定时间后曲线才平稳即混匀了。而组合加的加料次序，曲线从开始很短的时间后即已平缓，表明只需较少的时间就能混匀。显然，组合的加料方式对大剂量细 AP 推进剂可实现快速混匀和安全混合。

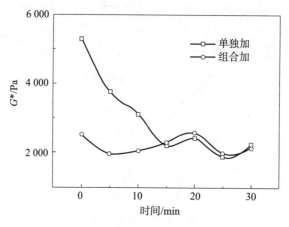

图 7 - 47　AP 加料次序对复合模量的影响

7.3.5　真空条件

推进剂混合将固体的颗粒填料均匀地分散在粘合剂体系，制成合格的药浆。推进剂加入的固体颗粒填料，表面吸附有空气，通过混合机输入能量克服表面张力，使填料的固-液界面取代固-气界面。液体组分得到很好润湿，药浆才能混合均匀。最初人们用卧式混合机，在自然环境下，进行推进剂药浆的混合操作。随着工业化的进步，混合机设计的不断改进，现在设计的立式混合机，功能齐全且可在真空下混合制备药浆。真空混合可除去颗粒填料表面吸附的空气，使填料的固-液界面取代固-气界面的润湿过程更容易、更完全，也就混合得更均匀，所以推进剂真空混合将会很好地改善药浆的流变性能。

推进剂真空混合的效率与真空混合时间有关，图 7 - 48 所示为真空混合时间对 PBAN 推进剂药浆流变性的影响[32]。

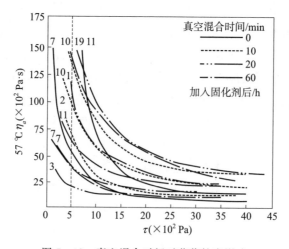

图 7 - 48　真空混合时间对药浆粘度影响

由图 7 - 48 可见，真空混合时间，对 500 Pa 低剪切应力下的表观粘度影响显著，高剪切应力下的影响不明显。说明真空混合时间越长，填料界面润湿越充分，药浆的结构强度越小，低剪切应力下的表观粘度越低。

　　真空混合，要注意真空混合效率对固化剂等反应性组分挥发的影响，否则药浆流变性能不易重现，也会影响力学性能的稳定。所以在加固化剂前的快速混匀阶段，设计的工艺时间，要做到能充分发挥真空混合的效率。

7.4　固化反应

　　复合固体推进剂药浆是热固性物料，固化反应决定药浆工艺性能。要确定固化反应对药浆工艺性能的影响，需求得反应动力学参数。

　　研究推进剂固化反应动力学，若用通常的简单体系，所得结果用于实际推进剂体系常有不符。这是由于推进剂是一个多组分、多相组成的复杂体系，组分间、相间的作用及工艺过程都要影响固化反应，简单体系的结果不能很好地代表推进剂实际体系。根据推进剂药浆复杂性特点，可用药浆的典型物性研究推进剂的固化反应动力学。药浆是流体，主要物性是流变特性。由结构流变学可知，物料的流变性是其内部结构的反映，固化反应会引起药浆内部结构的变化，这样选择有药浆固化反应特征的典型流变参数，就可用来研究药浆的固化反应动力学。

　　许多稳态测试的药浆流变参数，都有固化反应的指纹特征，但稳态流变测试的前提条件，要求药浆必须是连续介质，这在药浆的固化后期，很难做到。选择小幅振荡动态流变测试法，在整个流变测试期间不用破坏药浆的连续结构，可以较长时间测得满足要求的流变参数。

　　图 7-49 是 NEPE 推进剂药浆不同温度下动态复合模量与固化时间的关系。将图中 40 ℃ 下的曲线数据，按式（7-6）处理成两条直线，结果如图 7-50 所示。

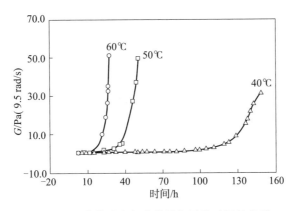

图 7-49　药浆动态复合模量与固化时间的关系

$$\ln G^* = \ln A + kt \qquad (7-6)$$

式中　G^*——复合模量（Pa）；

　　　A——指前因子；

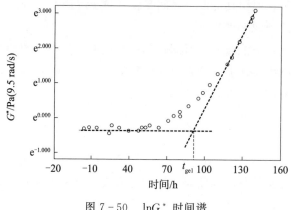

图 7 - 50　　$\ln G^*$ 时间谱

k ——表观反应速率常数;

t ——时间 (h)。

　　两条直线交叉点对应的时间,称为药浆表观凝胶化时间 t_{gel}。因后一条直线的变化主要受温度控制,反映了固化反应的动力学特征,则后一条直线方程中的 k,即是固化反应表观速率常数。将不同温度下测得的表观凝胶化时间和表观反应速率常数,代入 Arrhenius 方程,可求得各自活化能。NEPE 推进剂药浆固化反应的表观动力学参数结果见表 7 - 15[33]。

表 7 - 15　　NEPE 推进剂药浆表观反应动力学参数结果

频率/(rad/s)		参数	313 K	325 K	333 K	E/(kJ/mol)	R
G'	9.5	k	0.019	0.062	0.240	111.6	0.998
		t_{gel}/h	97.9	42.7	19.9	70.2	1.000
G^*	9.5	k	0.023	0.160	0.323	116.9	0.970
		t_{gel}/h	86.6	60.8	20.9	62.3	0.955
G^*	1.1	k	0.040	0.070	0.455	106.5	0.957
		t_{gel}/h	85.4	65.2	24.0	55.6	0.940

　　由表 7 - 15 可见,若用 9.5 rad/s 条件下的复合模量表示,NEPE 推进剂药浆的表观活化能分别为 62.3 kJ/mol 和 116.9 kJ/mol。此外,固化动力学参数还随测定的动力学条件频率和所取表达参数如 G^* 或 G' 等不同而不同,这是由于不同频率和不同模量,反映的是药浆流体不同结构的指纹特征[34],它们的动力学运动特征也就不同。当人们研究确定了不同动态条件下,药浆的各种动态流变参数所对应的结构时,根据这些固化反应动力学参数的变化,就可知道固化反应是如何对推进剂工艺性能以至力学性能产生影响的。

7.5　小结

推进剂为了方便成型，需要制成可流动的药浆，药浆的流变特性决定了推进剂工艺性能。应用流变测试的方法，可以研究各种因素如何通过各种物理和化学的作用，对推进剂的工艺性能产生影响。配方组成及其相互作用是推进剂工艺性能的主要影响因素，其次是制备药浆的混合设备及工艺条件。

推进剂粘合剂体系主要由粘合剂和固化剂组成，它是推进剂中的液体部分，约占配方的 10％～30％，是驱使药浆流动的根本动力。粘合剂体系中高分子链段的运动，带动固体组分的填料颗粒同步移动，实现大分子间的相对质心位移，使药浆发生流动。粘合剂的品种、分子量、主链结构和结构中的极性部分，决定了粘合剂体系的粘度和流动活化能，进而影响药浆的流变特性。不同品种的固化剂对工艺性能的影响，主要是固化反应速度的差别。反应快的固化剂会使药浆粘度增长加快，适用期短。聚氨酯推进剂的固化反应产物对推进剂药浆有明显的影响，固化产物氨基甲酸酯基，内聚能密度高，对填料颗粒的极性表面有强烈的吸附作用。一方面改善填料表面的润湿，使颗粒分散均匀；另一方面增强填料与粘合剂的联系，改善粘合剂和填料二相流的同步性，降低药浆的屈服值和粘度。

推进剂固体组分包括氧化剂和燃料金属粉，固体组分的含量、粒度、形状和表面性质对推进剂工艺流变性能有十分重要的影响。AP/HTPB 体系药浆粘度随固体含量增加而升高，当固体体积分数超过某一临界值后，颗粒间的距离大大缩小，流动时颗粒相互摩擦，药浆粘度急剧升高。对影响药浆粘度的结构参数的影响，AP Ⅰ、AP Ⅱ 型的值相当且低，AP Ⅲ 则高，影响更显著。包覆的球形氧化剂，比表面积小，吸附粘合剂量少且抗结块能力强，分散性好，运动阻力小，粘度小。粒度更小的细 AP，形状不规则，比表面积大，表面未包覆，易吸湿结块，不易分散，药浆粘度大。铝粉颗粒间不存在相互作用而聚集，铝粉表面的活性铝和氧化铝膜为微碱性，AP 表面为酸性，两者间由于酸碱作用，铝粉可很容易均匀地分散填充于 AP 颗粒间，减弱 AP 颗粒间的聚集作用，故铝粉可显著改善推进剂药浆流变性。在配方设计固体含量不变的情况下，固体组分的粒度级配，是改善推进剂工艺性能的重要途径。级配将较小粒径粒子，依次填充在较大粒子的堆积空隙中，这时单位体积中有效流动相的体积分数相对增加，小颗粒又可起到如"滚珠轴承"的作用，使药浆流动更容易。二模级配，粗/细粒度组分的质量比约为 7/3 时，改善工艺性能的效果最好。

推进剂功能组分有工艺助剂、键合剂、防老剂等，它们除各自的作用外，有时对推进剂工艺性能也有不小的影响。用流变学方法可以评价功能组分对工艺性能的影响以及药浆结构变化的作用过程。因药浆结构是形成推进剂最终力学性能的结构雏型也即"指纹"，所以也可用流变学方法，来研究推进剂的力学性能。

键合剂氮丙啶化合物 MAPO 中的氮丙环，在细 AP 酸性作用下，开环聚合形成包覆膜，使具有高表面能的细 AP，增加界面润湿性，改善分散状态而影响工艺性能。键合剂

NPBA 使含 HMX 的 NEPE 推进剂，工艺性能变坏，随含量增加而愈益恶化。醇胺衍生物能聚集在铝粉颗粒表面，形成很牢固的附聚层，增加无固化剂 HTPB/Al 浆料的粘度。在加固化剂的 HTPB/Al 体系中，由于聚集在铝粉表面的醇胺衍生物，使铝粉絮凝，增加粘度。但其中的醇胺又要与固化剂反应，一方面使铝粉表面有可能带有异氰酸酯基，异氰酸酯基再与粘合剂反应，增加铝粉与大分子的相连，降低粘度；另一方面又使粘合剂的羟基与固化剂的反应概率相对减少，使粘合剂分子的增大速度变慢，综合起来使体系粘度降低。

制备药浆的工艺设备，大型混合机，功率大，立式混合机有真空设施，混合效率高，使药浆流变性变好。工艺参数混合时间，主要是混匀阶段的混合时间，混匀阶段是将初始药浆各组分混合均匀，一般在安全允许的前提下，用较快的转速，混合时间以药浆流变性参数的值达到较低且稳定为准。混合温度的选择，要在安全的前提下，考虑温度对增粘和降粘两种作用的合理平衡，在药浆流变性满足适用期的前提下，混合温度较低为宜，一般在 40～60 ℃ 间选择。推进剂固体组分的加料次序和每次加料量，首先要保证安全混合，然后才考虑混合均匀性的效率对工艺性能的影响。

用小幅振荡动态流变测试方法，可以不用破坏药浆的连续结构，测定固化期间的流变参数，经处理可获得固化反应的表观动力学参数。用药浆直接研究推进剂的固化反应动力学，对深化推进剂工艺性能以及力学性能的研究具有十分有益的实际意义。

参 考 文 献

［1］ L E 尼尔生．聚合物流变学［M］.范庆荣，宋家琪，译．北京：科学出版社，1983.

［2］ 中国科技大学高分子物理教研室．高聚物的结构与性能［M］.北京：科学出版社，1981.

［3］ R S 伦克．聚合物流变学［M］.宋家琪，徐文祥，戴耀松，译．北京：国防工业出版社，1983.

［4］ 许元泽．高分子结构流变学［M］.成都：四川教育出版社，1988.

［5］ 金日光．高聚物流变学及其在加工中的应用［M］.北京：化学工业出版社，1986.

［6］ 唐汉祥，侯彩兰．用流变学研究丁羟推进剂组分对固化初期反应速度的影响［J］.固体火箭技术，1991，14（1）：80－85.

［7］ 唐汉祥，吴倩，陈江．氨基甲酸酯基对推进剂工艺性能的影响［J］.推进技术，2002，23（1）：50－53.

［8］ 唐汉祥．AP/HTPB 悬浮液的流变特性研究//流变学进展［M］.北京：化学工业出版社，1996：288－293.

［9］ Davong H and Bingzheng J，J Appl Poly Sci，1993，49：617－621.

［10］ 唐汉祥，《药浆流变性能》，侯林法主编，《复合固体推进剂》，宇航出版社，北京，1994年第一版，P：209－214.

［11］ 刘国雄，《固体推进剂、绝热层、衬层》，航天丛书（70），《防空导弹固体火箭发动机设计》，闵斌主编，宇航出版社，北京，1993.11，P：213－214.

［12］ 唐汉祥．AP 级配和铝粉对 HTPB 推进剂药浆流变性的影响［J］.固体火箭技术，1998，21（1）：26－30.

［13］ 唐汉祥．铝粉/HTPB 悬浮液的流变特性［J］.固体火箭技术，1996，19（3）：23－27.

［14］ Leonov A．I．，《On the rheology of filled polymers》，J．Rheol．，1990；34（7）：1039－1068.

［15］ 唐汉祥．苯乙烯对推进剂力学贮存性能的影响［J］.推进技术，1988，19（3）：50－54.

［16］ 杜磊，肖金武，尹瑞康．高燃速 HTPB/IPDI 推进剂低温力学性能研究（1）细 AP 及工艺助剂 PA 的影响［J］.固体火箭技术，2000，23（3）：29－33.

［17］ 矶田孝一，藤本武彦．表面活性剂［M］.天津市轻工业化学研究所，译．北京：轻工业出版社，1973.

［18］ 桂一枝．高分子材料用有机助剂［M］.北京：人民教育出版社，1981.

［19］ E J Mastrolia，K Klager. Solid Propellants Based on Polybutadiene Binders. G．Robert，Edi．，《Propellants Manufacture，Hazards，and Testing》，Advances in Chemistry Series 88，P：122－164，1969.

［20］ Hasegawa K，Takizuka M，Fukuda T. Curing Mechanism of Nitramina/HTPB Composite Propellants（1）. Kogyo Kagaku，1980，40（5）：262－268.

［21］ 唐汉祥，刘秀兰，吴倩．推进剂功能组分作用研究（Ⅳ）—工艺/力学性能［J］.固体火箭技术，2004，27（3）：193－197.

［22］ 赵雁来，何森泉，徐长德．杂环化学导论［M］.北京：高等教育出版社，1992：30－58.

［23］ Kim C S，Youn C H，Noble P N，et al. Development of Neutral Polymeric bonding agents for propellants with polar composites filled with organic Nitramine crystals. Propellants，Explosives，Pyrotechnics，1992，17（1）：38 - 42.

［24］ Kim C S，Noble P N，Youn C H，et al. The mechanism of filler reinforcement from addition of neutral polymeric bonding agents to energetic polar propellants. Propellants，Explosives，Pyrotechnics，1992，17（2）：51 - 58.

［25］ 唐汉祥，吴倩，陈江. 推进剂功能组分作用研究（Ⅲ）—聚醚/硝酸酯体系［J］. 固体火箭技术，2003，26（1）：46 - 50.

［26］ A E Oberth，R S Bruenn. Polyurethane - Based Propellants. G. Robert，Edi.，《Propellants Manufacture，Hazards，and Testing》，Advances in Chemistry Series 88，P：84 - 121，1969.

［27］ 唐汉祥，刘秀兰，吴倩. 进剂功能组分作用研究（Ⅱ）—丁羟/铝粉体系［J］. 固体火箭技术，2003，25（3）：41 - 44.

［28］ 化学工业部合成材料老化研究所. 高分子材料老化与防老化［M］. 北京：化学工业出版社，1979.

［29］ Larimer M H，Rakes S L，Sides J R. Mixter for Processing Composite Solid Propellants. AIAA，68 - 539，1968.

［30］ 张景春. 固体推进剂化学及工艺学［M］. 长沙：国防科技大学出版社，1987.

［31］ 唐汉祥，吴倩，陈江. 推进剂药浆混合均匀性研究［J］. 推进技术，1999，20（1）：80 - 83.

［32］ Klager K，Rogers C J，Smith P L. Rheology of composite solid ppropellants during motor casting. Proceedings of International Annual Meeting, the 9th ICT，1978：14 - 28.

［33］ 唐汉祥，吴倩，陈江. 硝酸酯增塑聚醚推进剂药浆固化反应研究［J］. 推进技术，2003，24（2）：175 - 178.

［34］ 唐汉祥. 推进剂药浆粘弹性特征［J］. 推进技术，1998，19（4）：95 - 99.